图解机器学习

—— 算法原理与Python语言实现

丁毓峰 编著

中国水利水电出版社
www.waterpub.com.cn

· 北京 ·

内 容 提 要

《图解机器学习——算法原理与 Python 语言实现》从应用场景出发，利用大量图解和流程图相结合的方式讲解机器学习的基本知识及其常用经典算法的应用，全书没有大篇幅的理论介绍和复杂的数学公式推导，也没有生涩难懂的专业术语，而是通过浅显易懂的图示、直观的流程图以及与生活息息相关的实例应用让读者轻松学习和掌握机器学习知识，从而明白机器学习是如何影响和改变人类生活的。

本书共 14 章，覆盖了监督学习、半监督学习、无监督学习、增强学习和机器学习新算法等内容。具体包括最小二乘法、最近邻算法、贝叶斯分类、支持向量机分类、增强学习 AdaBoost、决策树算法、无监督 k-Means 聚类、Apriori 关联规则算法、PageRank 排序、EM 参数估计、半监督学习、深度学习和迁移学习。

全书 14 章构成了机器学习从经典到现代的体系框架，每章也可独立阅读。本书适合机器学习的入门者学习，如果读者已经具有 Python 的开发经验，则可以更好地学习本书内容。

图书在版编目（CIP）数据

图解机器学习：算法原理与 Python 语言实现 / 丁毓峰编著. -- 北京：中国水利水电出版社，2020.9

ISBN 978-7-5170-8674-1

I. ① 图... II. ① 丁... III. ① 机器学习－图解 IV.
① TP181-64

中国版本图书馆 CIP 数据核字(2020)第 120527 号

书　　　名	图解机器学习——算法原理与 Python 语言实现
	TUJIE JIQI XUEXI—SUANFA YUANLI YU Python YUYAN SHIXIAN
作　　　者	丁毓峰　编著
出版发行	中国水利水电出版社
	（北京市海淀区玉渊潭南路 1 号 D 座　　100038）
	网址：www.waterpub.com.cn
	E-mail：zhiboshangshu@163.com
	电话：（010）62572966-2205/2266/2201（营销中心）
经　　　售	北京科水图书销售中心（零售）
	电话：（010）88383994、63202643、68545874
	全国各地新华书店和相关出版物销售网点
排　　　版	北京智博尚书文化传媒有限公司
印　　　刷	涿州市新华印刷有限公司
规　　　格	190mm×235mm　　16 开本　　13.5 印张　　280 千字
版　　　次	2020 年 9 月第 1 版　　2020 年 9 月第 1 次印刷
印　　　数	0001—5000 册
定　　　价	69.80 元

前　言

　　机器学习是人工智能的重要组成部分，是人工智能的核心。机器学习是利用算法指导计算机运用已知和未知数据自主构建合理的模型，并利用此模型对新的情境给出判断的过程。机器学习可以通过已知和未知数据主动寻找规律并得出结论，如果出现了偏差还会自主纠错。

　　由于人工智能的快速发展以及在各行各业的逐步应用，市场上介绍机器学习的各种书籍层出不穷。然而，学习机器学习并不是一件容易的事情，对于广大读者来说，目前大多数机器学习的图书理论性强，算法都以数学形式描述，让人望而生畏。本书是专门为了解决这一问题而编写的。它生动地将晦涩难懂的算法以图解的方式进行讲解，配合 Python 语言程序实例使读者可以更容易理解机器学习的算法和应用。

　　很多程序设计语言都可以实现机器学习，如 Python 语言、C++语言、R 语言、Java 语言等，但是毫无争议地，Python 语言稳居机器学习和数据分析的榜首。如果想进入人工智能和机器学习领域，掌握 Python 语言是首选。Python 语言具有功能强大、运行高效、移植性好、简单易学、开放性高等特点。可以说，Python 语言就是为人工智能和机器学习而生的程序设计语言，所以本书的实践案例都采用 Python 语言进行实现。

本书特色

- ➥ 知识覆盖面广：覆盖机器学习基础知识及其经典、常用算法。
- ➥ 图解可读性强：使用图解的方式讲解晦涩理论，化繁为简，通俗易懂。
- ➥ 主线脉络清晰：从场景应用到算法解析，到案例应用，思路清晰，易于理解吸收。
- ➥ 案例实用性强：很多案例可直接套用，来解决实际问题。

关于本书

　　这是一本图解机器学习及其算法的入门书籍，从应用场景出发，利用大量图解和流程图相结合的方式讲解机器学习的基本知识及其常用经典算法的应用，全书没有大篇幅的理论介绍和复杂的数学公式推导，也没有生涩难懂的专业术语，而是通过浅显易懂的图示、直观的流程图以及与生活息息相关的实例应用让读者轻松学习和掌握机器学习知识，从而明白机器学习是如何影响和改变人类生活的。

　　本书共 14 章，覆盖了机器学习领域的监督学习、半监督学习、无监督学习、增强学习和机器学习新算法等内容，构成了机器学习从经典到现代的体系框架，每章也可独立阅读。限于篇幅，书中没有讲解 Python 语言的基础知识，如果读者没有 Python 语言的基础，建议先学习 Python 语言入门知识，这样可以更好地学习本书内容。

本书资源获取及联系方式

（1）本书赠送实例的源文件，读者可以扫描下面的二维码或在微信公众号中搜索"人人都是程序猿"，关注后输入"PY086741"并发送到公众号后台，获取本书资源的下载链接，然后将此链接复制到计算机浏览器的地址栏中，根据提示在计算机端下载。

（2）读者可加入本书 QQ 学习群 1063288583，与作者及广大读者在线交流学习。

关于作者

丁毓峰：博士，武汉理工大学机电工程学院副教授，IEEE 会员，计算机学会会员，机械工程学会高级会员，江西学业通研发中心负责人，多年程序设计语言开发经验，对机器学习和算法有深入研究。

致谢

本书能够顺利出版，是作者、编辑和所有审校人员共同努力的结果，在此表示深深的感谢。同时，祝福所有读者在职场一帆风顺。

编　者

目 录

第 1 章　机器学习的基本概念 ……………………………………………………… 1
　1.1　数据挖掘和机器学习 ………………………………………………………… 1
　　1.1.1　从 AlphaGo 说起 …………………………………………………………… 1
　　1.1.2　数据挖掘和机器学习的关系 …………………………………………… 2
　　1.1.3　大数据和机器学习的关系 ……………………………………………… 2
　　1.1.4　机器学习的思维导图 …………………………………………………… 2
　　1.1.5　机器学习的一般流程 …………………………………………………… 3
　1.2　数据和数据集 ………………………………………………………………… 4
　1.3　数据预处理 …………………………………………………………………… 6
　　1.3.1　数据清理 …………………………………………………………………… 7
　　1.3.2　数据集成和融合 ………………………………………………………… 7
　　1.3.3　数据变换 …………………………………………………………………… 8
　　1.3.4　数据规约 …………………………………………………………………… 8
　1.4　机器学习的经典算法 ………………………………………………………… 9
　1.5　监督学习和无监督学习 ……………………………………………………… 9
　1.6　机器学习任务举例 ………………………………………………………… 10
　1.7　Python 机器学习 …………………………………………………………… 12
第 2 章　最小二乘法 …………………………………………………………… 14
　2.1　最小二乘法应用场景 ……………………………………………………… 14
　2.2　线性回归 …………………………………………………………………… 14
　2.3　最小二乘法的原理和算法 ………………………………………………… 15
　　2.3.1　变量间的关系 …………………………………………………………… 15
　　2.3.2　数据拟合 ………………………………………………………………… 15
　　2.3.3　最小二乘法原理 ………………………………………………………… 16
　2.4　用最小二乘法预测学生的身高、体重 …………………………………… 17
　2.5　逻辑回归应用场景 ………………………………………………………… 22
　2.6　逻辑回归原理 ……………………………………………………………… 22
　　2.6.1　Sigmoid()函数 ………………………………………………………… 22
　　2.6.2　逻辑回归算法 …………………………………………………………… 22
　2.7　使用逻辑回归对鸢尾花进行分类 ………………………………………… 24

第 3 章 最近邻算法 ···································· 29

3.1 KNN 应用场景 ································ 29

3.2 KNN 算法概述 ································ 29

3.3 KNN 算法流程 ································ 31

3.4 KNN 算法核心三要素 ·························· 32

    3.4.1 邻近度度量 ···························· 32

    3.4.2 如何选择 k 值 ·························· 35

    3.4.3 分类决策规则 ·························· 35

3.5 KNN 算法的优缺点 ···························· 35

3.6 KNN 算法的 Python 实现 ······················ 36

第 4 章 贝叶斯分类 ···································· 39

4.1 贝叶斯分类应用场景 ·························· 39

4.2 贝叶斯定理 ································ 39

4.3 朴素贝叶斯分类原理和算法 ···················· 41

4.4 贝叶斯网络 ································ 42

4.5 贝叶斯估计 ································ 43

4.6 实例：使用朴素贝叶斯对电子邮件分类 ············ 43

第 5 章 支持向量机分类 ································ 49

5.1 支持向量机分类应用场景 ······················ 49

5.2 支持向量机概念 ···························· 50

5.3 线性可分和线性不可分 SVM ···················· 51

    5.3.1 线性可分 SVM ·························· 51

    5.3.2 线性不可分 SVM ························ 52

    5.3.3 核函数 ································ 53

    5.3.4 分类 SVM 算法流程 ······················ 54

5.4 使用 Sklearn 的 SVM 支持向量机分类器 ·········· 55

    5.4.1 Sklearn 中 SVM 的类继承关系 ·············· 55

    5.4.2 Sklearn 线性 SVM 分类器 ················ 55

5.5 实例：人脸识别分类 ·························· 58

第 6 章 增强学习 AdaBoost ······························ 65

6.1 增强学习 AdaBoost 应用场景 ···················· 65

6.2 集成方法 ································ 66

6.3 Boosting 算法 ································ 67

6.4 AdaBoost 算法 ································ 68

    6.4.1 单层决策树方式的弱分类器 ················ 68

    6.4.2 AdaBoost 分类器的权重 ·················· 68

  6.4.3 AdaBoost 算法流程 ·· 69

 6.5 AdaBoost 的优缺点 ·· 71

 6.6 AdaBoost 算法实现数字简单分类 ······································ 71

第 7 章 决策树算法 ··· 77

 7.1 决策树应用场景 ·· 77

 7.2 决策树算法概述 ·· 77

 7.3 决策树剪枝处理 ·· 78

 7.4 Scikit-Learn 决策树算法库 ·· 79

 7.5 ID3 算法 ··· 80

  7.5.1 ID3 算法原理 ·· 80

  7.5.2 ID3 算法的优缺点 ··· 81

  7.5.3 使用 Scikit-Learn 库的 ID3 算法建立销售预测决策树 ········· 82

 7.6 C4.5 算法 ·· 84

  7.6.1 C4.5 算法原理 ··· 84

  7.6.2 C4.5 算法实例：使用 Python C4.5 算法建立决策树 ············ 85

 7.7 CART 生成算法 ··· 91

  7.7.1 CART 算法原理 ·· 91

  7.7.2 CART 回归树的生成 ·· 92

  7.7.3 CART 分类树的生成 ·· 92

  7.7.4 使用 Scikit-Learn 库的 CART 算法建立销售预测决策树 ······ 93

 7.8 实例：决策树预测隐形眼镜类型 ······································· 94

第 8 章 无监督 k-Means 聚类 ··· 98

 8.1 无监督 k-Means 聚类应用场景 ··· 98

 8.2 无监督学习算法 ·· 99

 8.3 k-Means 算法介绍 ·· 100

  8.3.1 k-Means 算法概述 ··· 100

  8.3.2 k-Means 和 KNN 算法 ·· 101

 8.4 k-Means 算法原理和流程 ·· 101

  8.4.1 欧氏距离 ··· 102

  8.4.2 平均误差准则函数 ··· 102

  8.4.3 k-Means 聚类算法流程 ·· 102

 8.5 Sklearn 库的 k-Means 算法支持 ······································ 103

 8.6 使用 Sklearn 的 k-Means 实现鸢尾花聚类 ······················ 103

 8.7 航空公司使用 k-Means 算法实现客户分类 ······················· 107

第 9 章 Apriori 关联规则算法 ·· 114

 9.1 关联规则算法应用场景 ·· 114

9.2 关联规则概述——有趣的啤酒和尿布 ·························· 114

9.3 关联规则挖掘算法 ·························· 115

9.4 Apriori 关联规则算法原理 ·························· 116

　　9.4.1 基本概念 ·························· 116

　　9.4.2 关联规则的分类 ·························· 117

　　9.4.3 Apriori 算法原理 ·························· 117

　　9.4.4 发现频繁项集过程 ·························· 119

　　9.4.5 Apriori 算法示例 ·························· 119

9.5 使用 Apriori 算法发现酒店菜肴间关联规则 ·························· 121

第 10 章 PageRank 排序 ·························· 126

10.1 PageRank 排序应用场景 ·························· 126

10.2 PageRank 排序概述 ·························· 128

10.3 PageRank 模型和算法 ·························· 128

　　10.3.1 如何度量网页本身的重要性 ·························· 128

　　10.3.2 PageRank 的核心思路 ·························· 129

　　10.3.3 PageRank 模型 ·························· 130

10.4 PageRank 排序算法的优缺点 ·························· 130

10.5 PageRank 排序实例：发现网页之间链接关系 ·························· 131

第 11 章 EM 参数估计 ·························· 137

11.1 参数估计应用场景 ·························· 137

11.2 极大似然估计 ·························· 137

11.3 EM 算法原理 ·························· 138

　　11.3.1 EM 算法和极大似然法对比 ·························· 139

　　11.3.2 最大似然法和 EM 算法解决硬币概率问题 ·························· 139

　　11.3.3 EM 算法迭代过程 ·························· 140

　　11.3.4 EM 算法的坐标上升法 ·························· 141

11.4 使用 EM 算法实现参数估计实例 ·························· 141

　　11.4.1 实例 1：质量分布数据参数估计 ·························· 141

　　11.4.2 实例 2：在高斯混合模型中的应用 ·························· 144

第 12 章 半监督学习 ·························· 148

12.1 半监督学习应用场景 ·························· 148

12.2 半监督学习概述 ·························· 149

12.3 半监督学习方法 ·························· 150

12.4 基于图的半监督学习 ·························· 150

　　12.4.1 构建相似矩阵 ·························· 151

　　12.4.2 LP 算法 ·························· 152

12.5 Python 实现标签传播算法 ··· 152

第 13 章 深度学习 ··· 160

13.1 深度学习应用场景 ··· 160

13.2 浅层学习和深度学习 ··· 161

　　13.2.1 感知器 ··· 161

　　13.2.2 浅层学习和深度学习对比 ··· 165

　　13.2.3 梯度和梯度下降 ··· 165

　　13.2.4 神经网络和反向传播算法 ··· 165

13.3 深度学习框架 ··· 171

13.4 深度学习与神经网络 ··· 172

　　13.4.1 卷积神经网络结构 ··· 172

　　13.4.2 卷积神经网络架构设计 ··· 173

　　13.4.3 配置卷积层或池化层 ··· 173

13.5 深度学习的训练过程 ··· 173

　　13.5.1 卷积层输出值的计算 ··· 173

　　13.5.2 池化层输出值的计算 ··· 174

　　13.5.3 卷积神经网络的训练 ··· 175

13.6 TensorFlow 简介 ·· 176

　　13.6.1 基本概念 ··· 176

　　13.6.2 跨设备通信 ··· 177

　　13.6.3 梯度计算 ··· 177

13.7 TensorFlow 应用实例：图像识别 ····································· 178

第 14 章 迁移学习 ··· 190

14.1 迁移学习应用场景 ··· 190

14.2 迁移学习概述 ··· 191

14.3 迁移学习和自我学习 ··· 192

14.4 迁移学习方法 ··· 192

　　14.4.1 基本概念 ··· 192

　　14.4.2 迁移学习形式化描述 ··· 192

　　14.4.3 迁移学习算法 ··· 193

14.5 迁移学习实例：使用 TensorFlow 实现图像识别 ··················· 195

参考文献 ··· 205

第 1 章　机器学习的基本概念

机器学习的目标是使用可以自动学习的算法,从数据中自动分析获得规律,并利用规律对未知数据进行预测。机器学习在数据挖掘、计算机视觉、自然语言处理、疾病诊断、图像识别、机器人等领域应用广泛。本章首先介绍机器学习的基本概念和机器学习的一般流程、数据挖掘和机器学习的关系;其次介绍机器学习的经典方法,如监督学习、半监督学习、无监督学习和强化学习,并给出了机器学习任务举例;最后介绍 Python 语言的 Sklearn(全称 Scikit-Learn)机器学习库和 MATLAB 支持机器学习的主要函数。

1.1　数据挖掘和机器学习

1.1.1　从 AlphaGo 说起

AlphaGo 由谷歌的团队开发,是第一个击败职业围棋选手、战胜围棋世界冠军的人工智能机器人,其主要工作原理是机器学习的深度学习算法。

架构上,AlphaGo 拥有两个大脑,每个大脑的神经网络结构几乎相同,分别是策略网络与评价网络,如图 1.1 所示。这两个网络都由 13 层的卷积神经网络构成,基本与固定长宽像素的图像识别神经网络类似,只不过将矩阵的输入值换成了棋盘上各个坐标点的落子情况。

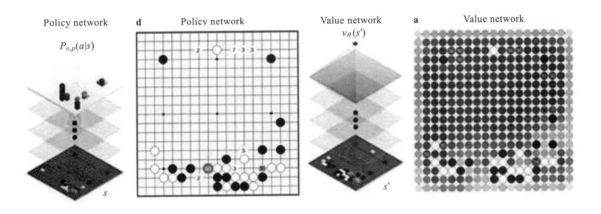

图 1.1　AlphaGo 的深度学习架构

1.1.2 数据挖掘和机器学习的关系

数据挖掘是指通过算法从大量的数据中发现隐藏信息的过程，它受计算机、信息、统计等多门学科的影响，其中受数据库、机器学习、统计学影响最大。从关系上看，对于数据挖掘，数据库提供数据管理技术，机器学习和统计学提供数据分析技术。数据挖掘和机器学习的关系如图 1.2 所示。

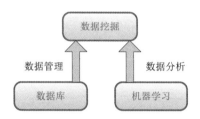

图 1.2 数据挖掘和机器学习的关系

1.1.3 大数据和机器学习的关系

机器学习与大数据紧密联系，但是大数据并不等同于机器学习，同样，机器学习也不等同于大数据。大数据分析涉及分布式计算、内存数据库、多维分析等技术。大数据的分析方法和机器学习的关系如图 1.3 所示。

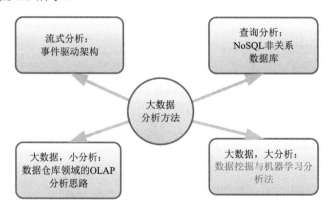

图 1.3 大数据和机器学习的关系

1.1.4 机器学习的思维导图

思维导图（心智导图）是表达发散性思维的一种图形思维工具，运用图文并重的技巧，把某个事物的各级主题的关系用相互隶属与相关的层级图表现出来。机器学习的思维导图如

图 1.4 所示。从图 1.4 中可见，机器学习包括数学基础、编程基础、算法、学习分类、开发框架、构建项目流程等主题，这些主题是完成机器学习项目必不可少的基础知识、原理、算法和技术，各个主题的分类在图 1.4 中也进行了表述。

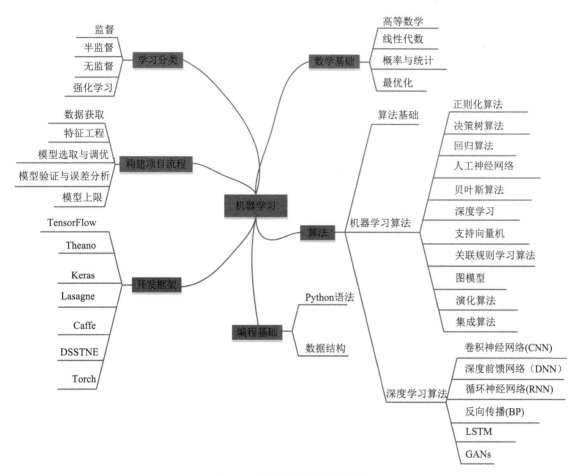

图 1.4　机器学习的思维导图

1.1.5　机器学习的一般流程

机器学习的流程包括收集数据、数据预处理、分析输入数据、使用样本数据训练和测试算法、应用算法解决问题，以及实现学习目标的过程。如图 1.5 所示，左边是进行机器学习的处理流程，右边是流程中每步子活动对应的子流程所要做的具体工作。

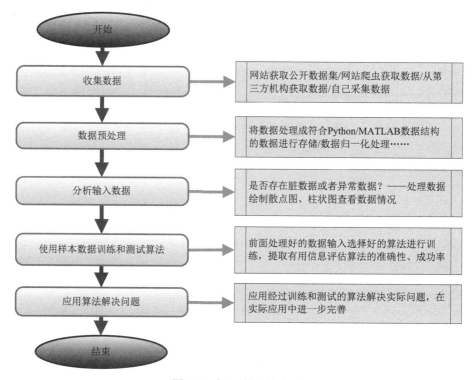

图 1.5　机器学习的流程

1.2　数据和数据集

　　进行机器学习前，首先需要准备好数据集。数据是数据集的基本单元，数据集是数据的集合。例如，新建一个城市新区道路的数据集，这里就可以包括该新区内一级道路、二级道路等数据要素。数据和数据集的关系如图 1.6 所示。

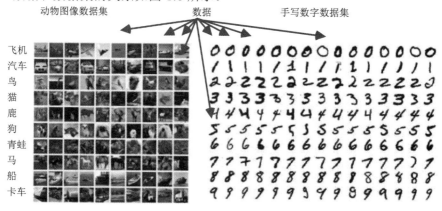

图 1.6　数据和数据集的关系

UCI 数据集是一个常用的机器学习标准测试数据集，其中目前共有 335 个子数据集，并且其数目还在不断增加，可以通过网址 http://archive.ics.uci.edu/ml/index.php 访问。图 1.7 给出了访问页面。

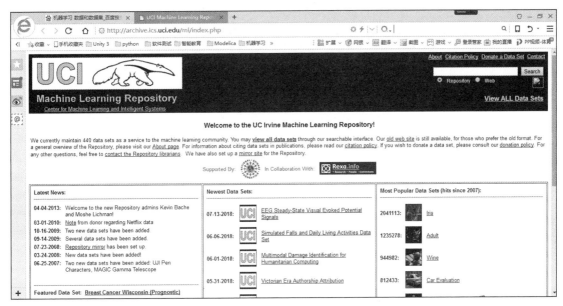

图 1.7　UCI 数据集

以 Iris 鸢尾花数据集为例，图 1.7 中 Iris 数据集在右边方框 Most Popular Data Sets (hits since 2007)中第一个，单击 Iris 数据集，进入该数据集详情页面，如图 1.8 所示。

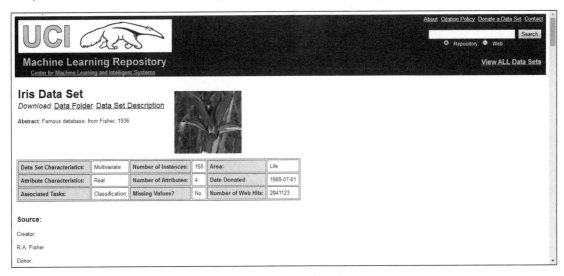

图 1.8　UCI-Iris 数据集

UCI 数据集中常用子数据集如图 1.9 所示，包括汽车、红酒、鸢尾花、人口收入普查、威斯康星州乳腺癌诊断数据集等。

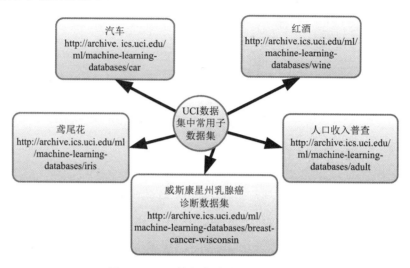

图 1.9　UCI 数据集中常用子数据集

1.3　数据预处理

数据预处理是机器学习的一个重要步骤，是保证机器学习准确率和成功率的前提。如果数据集中存在大量的脏数据（如无效值和缺失值）或者不规范数据，很可能导致学习算法失效。数据预处理具体包括数据清理、数据集成和融合、数据变换、数据规约等过程，如图 1.10 所示。

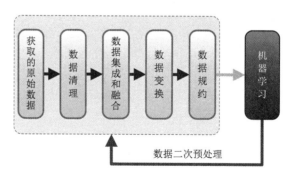

图 1.10　数据预处理流程

1.3.1 数据清理

数据清理是数据预处理过程中最重要的步骤，也是最费时的工作。数据清理可以减少机器学习过程中可能产生的矛盾。初始数据可能存在以下问题。

（1）数据含噪声。对这类数据（尤其是孤立点或异常数据）不能随便删除。孤立点的数据可能正是要找出的异常数据。因此，通常的做法是将孤立点先存入数据库，不进行任何处理，以备后查。当然，如果是根据领域知识确认的无用数据，则可以直接删除。

（2）数据错误。对于错误的数据，可以结合数据反映的问题更改、删除或丢弃这类数据，同时也可以根据之前数据的情况对错误数据进行修正。

（3）缺失数据。可以根据近期数据的情况，采用线性插值法或者使用回归的方法进行数据补缺。

（4）数据冗余。找出具有最大影响属性因子的属性数据，其余属性可删除。若某属性的部分数据足以反映该问题的信息，则其余的可删除。

数据清理过程如图 1.11 所示。

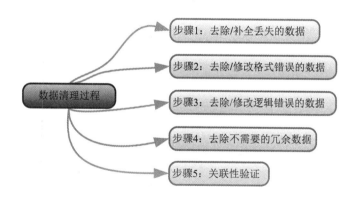

图 1.11 数据清理过程

1.3.2 数据集成和融合

数据集成是一种将多个数据源中的数据结合起来存放到一个格式一致的数据存储区（如数据仓库）中的技术过程。数据融合是将融合的思想引入数据预处理过程中，产生比单一信息源更准确和可靠的数据进行估计和判断。数据集成和融合如图 1.12 所示。

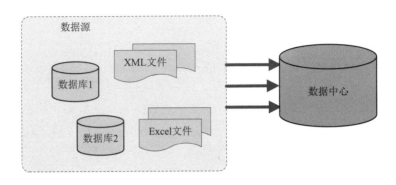

图 1.12　数据集成和融合

1.3.3　数据变换

数据变换是将多维数据降维，消除它们在空间、属性、时间及精度等特征表现上的差异。图 1.13 将数据从三维空间降维到二维空间。这类方法对原始数据有损，但比较实用。

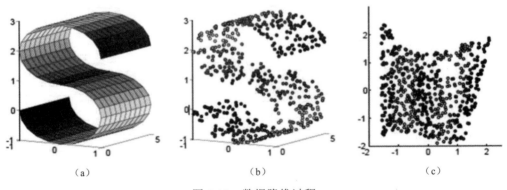

(a)　　　　　　　　　　　(b)　　　　　　　　　　　(c)

图 1.13　数据降维过程

1.3.4　数据规约

数据规约是在减少数据存储空间的同时尽力保证数据完整性，获得比原始数据少得多的数据，并将数据以合乎要求的方式进行表示。数据规约策略包括维度规约、数量规约和数据压缩。常用的数据规约策略如图 1.14 所示。

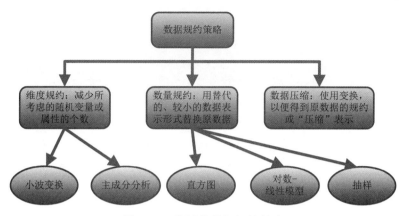

图 1.14　常用的数据规约策略

1.4　机器学习的经典算法

按照机器学习算法的出现时间和应用情况,可以将机器学习算法分为传统机器学习算法和现代机器学习算法。按照处理问题类型的不同,传统机器学习算法分为回归、分类、聚类、关联分析、降维等不同类型的算法,如图 1.15 所示。现代机器学习算法主要是指人工神经网络,以及在此基础上发展起来的深度学习。

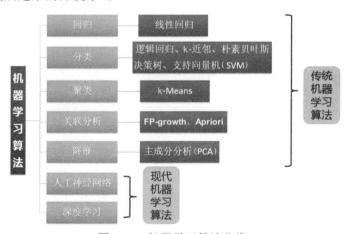

图 1.15　机器学习算法分类

1.5　监督学习和无监督学习

在机器学习前,根据是否有已知样本的情况,可以将机器学习算法分为监督学习和无监督学习。在样本标签已知的情况下,可以统计出各类训练样本不同的描述量,如其概率分布或在特征空间分布的区域等，利用这些参数进行分类器设计，称为监督学习算法，如图 1.16 中的叉表示的就是样本标签数据。KNN、SVM、BP 神经网络和线性回归算法等都属于监督学习算法。

然而，实际应用中，通常无法预知样本的标签，也就是说，没有训练样本，因而只能从原先没有样本标签的样本集开始进行分类器设计（见图 1.17），这就是通常说的无监督学习算法。聚类、关联规则分析、深度学习等算法都属于无监督学习算法。

在需要训练模型进行预测（如温度和股价等连续变量的未来值）或分类（如根据摄像头的录像片段确定汽车的技术细节）的情况下选择监督学习。在需要深入了解数据并希望训练模型找到好的内部表示形式（如将数据拆分到集群中）的情况下选择无监督学习。

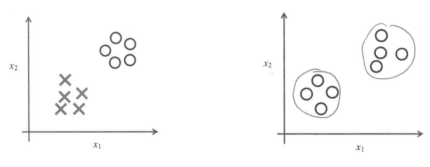

图 1.16　监督学习算法　　　　　　　　　图 1.17　无监督学习算法

除了监督学习和无监督学习，还有一种学习叫作强化学习。在监督学习中，机器每次作出的预测都可以知道结果是否正确；但是对于强化学习，每次作出的预测不会得到是否正确的结果，只会收到看似没有关联关系的反馈。图 1.18 给出了强化学习和监督学习的区别。

图 1.18　强化学习和监督学习的区别

1.6　机器学习任务举例

机器学习在生活中的应用非常普遍。例如，采用机器学习的分类算法实现人体健康监控应用程序（手机 App），使用该程序可以通过训练模型对身体活动进行分类。输入数据包含通过手机上的陀螺仪提供的三轴传感器数据，获得的输出为日常的身体活动，如步行、站立、跑步、爬楼梯或平躺，如图 1.19 所示。该机器学习任务是使用输入数据训练分类模型识别这些活动。目标是对活动进行分类，应用监督学习算法经过训练的模型（或分类器）集成到手机 App 中，帮助用户跟踪记录全天的运动情况。

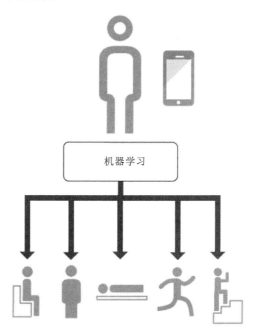

图 1.19　基于分类算法的健康监控应用

还有一些场景需要使用聚类算法实现机器学习目标。聚类是一种最常用的无监督学习技术，通过探索性数据分析发现数据中隐藏的模式或分组，如图 1.20 所示。聚类的应用包括基因序列分析、市场调查和对象识别。

为数据中的模式执行聚类

图 1.20　数据聚类图示

1.7　Python 机器学习

很多语言都可以实现机器学习的目标，如 Python、MATLAB、Java 等，其中 Python 是应用较广泛的语言之一。开发 Python 机器学习应用需要的支持库如图 1.21 所示。

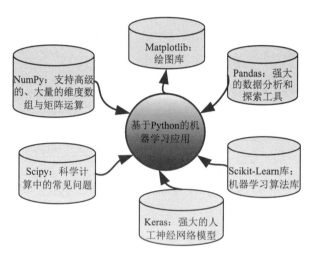

图 1.21　开发 Python 机器学习应用需要的支持库

Scikit-Learn（也称为 Sklearn）是机器学习领域的一个非常热门的开源库，基于 Python 语言写成，可以从 http://www.github.com/scikit-learn/scikit-learn 下载，使用它可以方便地进行机器学习应用。

Scikit-Learn 机器学习图谱如图 1.22 所示，分为 classification（分类）、clustering（聚类）、regression（回归）和 dimensionality reduction（降维）四大模块回归和聚类的算法（包括支持向量机、逻辑回归、朴素贝叶斯分类器、随机森林、Gradient Boosting、聚类算法和DBSCAN）。

此外，Sklearn 还提供了丰富的数据集和案例，便于用户下载和学习使用。可以通过网址 http://scikit-learn.org/stable/auto_examples/index.html 访问，如图 1.23 所示。

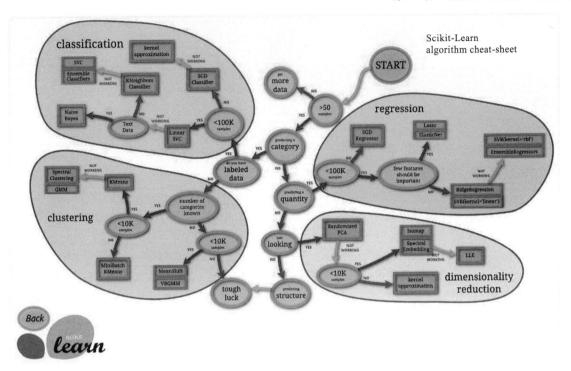

图 1.22　Sklearn 机器学习图谱

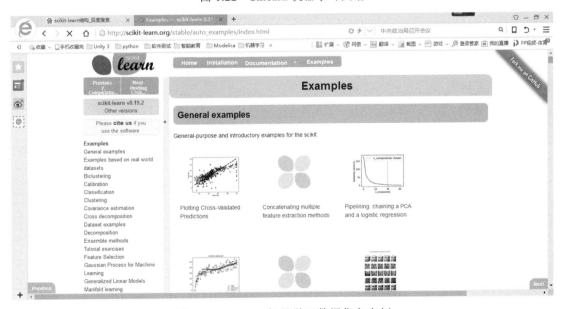

图 1.23　Sklearn 机器学习数据集和案例

第 2 章　最小二乘法

线性回归是一种利用数理统计中回归分析确定两种或两种以上变量间相互依赖的定量关系的统计分析方法。本章首先介绍最小二乘法应用场景，然后介绍线性回归、最小二乘法的原理和算法，最后介绍逻辑回归的原理和方法，并使用 Python 语言实现了逻辑回归实例。

2.1　最小二乘法应用场景

身高和体重可以在一定程度上反映出人体的健康情况。对于中小学生，可以用身高和体重的增长情况评定其生长发育、健康状况。图 2.1 给出了 8 个中学生的样本数据，其中的圆点表示各个样本，横坐标表示身高，纵坐标表示体重。那么，能不能根据这些数据预测中学生的身高和体重变化趋势呢？这就是最小二乘法要解决的问题。

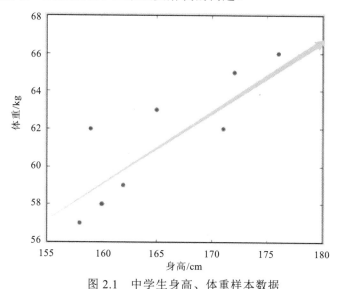

图 2.1　中学生身高、体重样本数据

2.2　线 性 回 归

线性回归是很常见的一种回归，可用来预测或者分类，主要解决线性问题。线性回归的优点是理解和计算都相对简单，缺点是无法解决非线性问题。线性回归过程主要解决的是如何通过样本获取最佳的拟合线，最常用的方法是最小二乘法。

2.3　最小二乘法的原理和算法

已知一些点的 X,Y 坐标，统计条件 X 与结果 Y 的关系，并绘制一条直线，让该直线离所有点都尽可能的近（距离之和最小），用直线抽象地表达这些点，然后针对新的 x 预测新的 y，具体实现一般使用最小二乘法。

2.3.1　变量间的关系

对变量间统计依赖关系的考察主要通过相关分析或回归分析完成。例如，农作物产量和 4 个变量 x_1, x_2, x_3, x_4 的依赖关系如下：

$$农作物产量 = f(x_1, x_2, x_3, x_4) \tag{2.1}$$

其中，x_1, x_2, x_3, x_4 分别代表气温、降雨量、阳光和施肥量。变量间的统计依赖关系如图 2.2 所示。

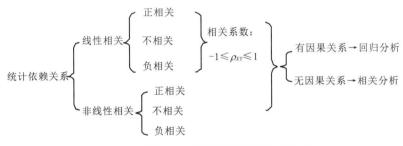

图 2.2　变量间的统计依赖关系

2.3.2　数据拟合

数据拟合不要求过所有点，尽可能地靠近这些点，表现数据变化的趋势；在数据点处误差总体达到最小，如图 2.3 所示。数据拟合法与插值法并不相同，插值法必须过所有数据点；而数据拟合法则不必过所有数据点，而是关注数据的变化趋势。

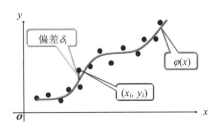

图 2.3　数据拟合及偏差表示

2.3.3 最小二乘法原理

首先通过一个简单的例子说明最小二乘法的应用及原理。铜棒在 0℃的原始长度为 l_0，线膨胀系数 α 与铜棒的长度 l_i 之间的关系如图 2.4 所示，通过在不同温度下测量铜棒长度并建立方程组，最后以使残差值的和最小为优化目标确定长度变化方程，这就是最小二乘法的典型应用。

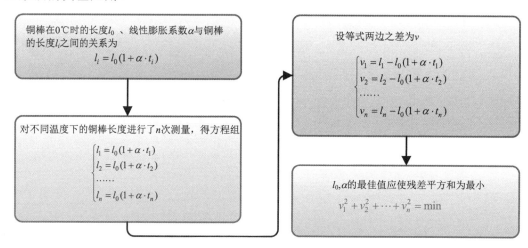

图 2.4　最小二乘法示例

最小二乘法（又称最小平方法）是一种数学优化技术，它通过最小化残差的平方和寻找数据的最佳函数匹配。利用最小二乘法可以简便地求得未知的数据，并使得求得的数据与实际数据之间残差的平方和最小。原则是以"残差平方和最小"确定直线位置，即满足以下公式

$$Q = \min\sum_{i}^{n}\left(y_{ie} - y_i\right)^2 \tag{2.2}$$

其中，y_{ie} 是根据 $y=a+bx$ 估算出的值，y_i 是观察到的真实值。为了计算 a 和 b 的值，采取如下规则：a、b 应该使计算出的函数曲线与观察值的差的平方和最小，即满足式（2.2）。

通过偏导数求极值的方法，最后可以求得

$$a = \frac{m\sum_{i=1}^{m}x_i y_i - \sum_{i=1}^{m}x_i \sum_{i=1}^{m}y_i}{m\sum_{i=1}^{m}x_i^2 - \left(\sum_{i=1}^{m}x_i\right)} \tag{2.3}$$

$$b = \frac{1}{m}\sum_{i=1}^{m}y_i - \frac{a}{m}\sum_{i=1}^{m}x_i \tag{2.4}$$

其中，m 表示有 m 个实验点。根据上述原理，利用最小二乘法进行求解的过程如图 2.5 所示。

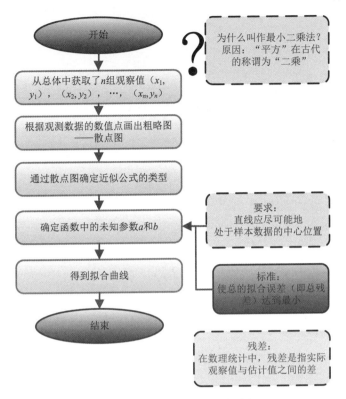

图 2.5　最小二乘法求解的过程

2.4　用最小二乘法预测学生的身高、体重

如何预测 2.1 节中提到的中学生身高、体重的关系？假设已采集到 10 个样本学生的数据，如表 2.1 所示。本节将考虑如何使用 Python 语言利用最小二乘法对学生的身高和体重之间的关系进行线性回归预测。

表 2.1　学生的身高和体重数据

学生 项目	学生 1	学生 2	学生 3	学生 4	学生 5	学生 6	学生 7	学生 8	学生 9	学生 10
身高/cm	162	165	159	173	157	175	161	164	172	158
体重/kg	48	64	53	66	52	68	50	52	64	49

首先根据表 2.1 给出的原始样本数据绘制散点图，即在身高—体重坐标系中标注出各个样本（用圆点表示）的位置。绘制样本散点图实现流程如图 2.6 所示，程序代码如下所示。

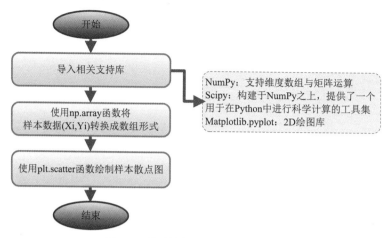

图 2.6　绘制样本散点图实现流程

```
#程序2-1绘制样本散点图 名称：scatterdiagram.py
import numpy as np
import scipy as sp
import matplotlib.pyplot as plt
from scipy.optimize import leastsq
##样本数据(Xi,Yi)转换成数组形式
Xi=np.array([162,165,159,173,157,175,161,164,172,158])    #身高数据
Yi=np.array([48,64,53,66,52,68,50,52,64,49])              #体重数据
#绘制样本点
plt.figure(figsize=(8,6))                                  #指定图像比例为8:6
plt.scatter(Xi,Yi,color="red",label="身高体重样本数据：",linewidth=1)  #绘制散点图
plt.xlabel('Height:cm')                                    #设置横坐标名称
plt.ylabel('Weight:kg')                                    #设置纵坐标名称
plt.show()                                                 #显示曲线
```

运行结果如图 2.7 所示。

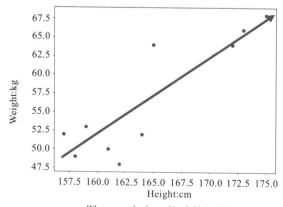

图 2.7　身高—体重数据散点图

从图 2.7 中可见，样本数据的各点基本是围绕箭头表示的直线分布的，所以可以考虑使用直线回归模型对数据进行拟合。使用直线回归模型对数据进行拟合的流程如图 2.8 所示，代码实现过程如下所示。

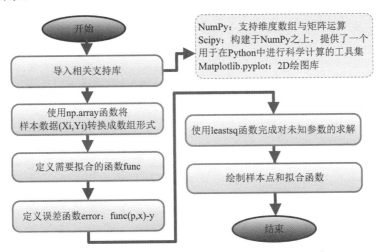

图 2.8　拟合曲线程序流程

```
#程序 2-2 拟合曲线 名称：Fittingcurve.py
import numpy as np
import scipy as sp
import matplotlib.pyplot as plt
from scipy.optimize import leastsq
#样本数据(Xi,Yi)，需要转换成数组（列表）形式
Xi=np.array([162,165,159,173,157,175,161,164,172,158])       #身高数据
Yi=np.array([48,64,53,66,52,68,50,52,64,49])                 #体重数据
#需要拟合的函数 func()指定函数的形状 k=0.42116973935 b=-8.28830260655
def func(p,x):
    k,b=p
    return k*x+b
#定义偏差函数：x,y 都是列表:这里的 x,y 与上面的 Xi,Yi 中的数值一一对应
def error(p,x,y):
    return func(p,x)-y
#设置 k,b 的初始值,可以任意设定,经过几次试验,发现 p0 的值会影响 cost 的值：Para[1]
p0=[1,20]
#把 error 函数中除 p0 以外的参数打包到 args 中
Para=leastsq(error,p0,args=(Xi,Yi))
#读取结果
k,b=Para[0]
```

```
print("k=",k,"b=",b)
#画样本点
plt.figure(figsize=(8,6))                    #指定图像比例为 8:6
plt.scatter(Xi,Yi,color="red",label="Sample data",linewidth=2)
#画拟合直线
x=np.linspace(150,180,80)                     #在 150～180 直接画 80 个连续点
y=k*x+b                                        #函数式
plt.plot(x,y,color="blue",label="Fitting Curve",linewidth=2)    #绘制拟合曲线
plt.legend()                                  #绘制图例
plt.xlabel('身高/cm', fontproperties = 'simHei', fontsize = 12)     #设置横轴
显示信息，字体大小
plt.ylabel('体重/kg', fontproperties = 'simHei', fontsize = 12)     #设置纵轴
显示信息，字体大小
plt.show()                                    #显示曲线
```

运行结果如图 2.9 所示。

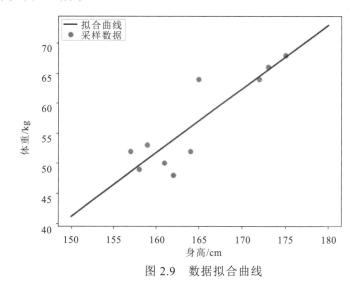

图 2.9   数据拟合曲线

从图 2.9 可见，数据拟合效果较好，给出的样本点基本均匀地分布在回归直线两边，没有出现数据点严重偏离回归直线的情况。为了分析拟合的是否合适，通过引入残差进行计算，具体实现过程如下。

```
#程序 2-3 计算残差  名称：CaculateError.py
import numpy as np
import matplotlib.pyplot as plt
import statsmodels.api as sm
from statsmodels.graphics.api import qqplot
```

```
Xi=np.array([162,165,159,173,157,175,161,164,172,158])   #身高数据
Yi=np.array([48,64,53,66,52,68,50,52,64,49])             #体重数据
xy_res=[]                                                 #定义变量 xy_res
#定义计算残差函数
def residual(x,y):
    res=y-(0.42116973935*x-8.28830260655)                #计算残差
    return res                                           #返回残差
#循环读取残差
for d in range(0,len(Xi)):
    res=residual(Xi[d],Yi[d])
    xy_res.append(res)
#print(xy_res)
#计算残差平方和：和越小表明拟合情况越好
xy_res_sum=np.dot(xy_res,xy_res)
#print(xy_res_sum)
#如果数据拟合模型效果好，残差应该遵从正态分布(0,d*d)，d表示残差
#绘制样本点
fig=plt.figure(figsize=(8,6))                            #指定图像比例为 8:6
ax=fig.add_subplot(111)                                  #添加一个子图
fig=qqplot(np.array(xy_res),line='q',ax=ax)             #设置参数
plt.show()                                               #显示曲线
```

运行结果如图 2.10 所示，这个图也称为 Q-Q 图。Q-Q 图的含义是如果两个分布相似，则该图趋近于落在线上。如果两个分布线性相关，则点在 Q-Q 图上趋近于落在一条直线，但不一定在这条直线上。从图 2.10 可见，该回归效果比较理想，基本达到了回归预测的目标。

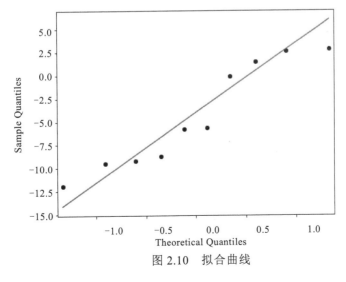

图 2.10 拟合曲线

2.5   逻辑回归应用场景

逻辑回归（Logistic Regression）是一种常用的机器学习方法，用于估计某种事物的可能性。现实生活中经常用于广告预测（也就是根据某广告被点击的可能性，预测用户购买某商品的可能性），根据某些特定值对疾病诊断预测等场景。如在美团网等电商平台上的应用情况，如图 2.11 所示，这些分析可以帮助电商更好地服务用户，提升用户体验。

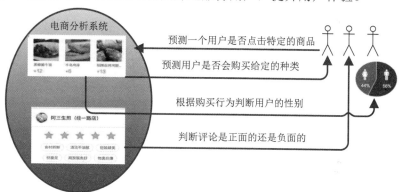

图 2.11   用户行为分析

2.6   逻辑回归原理

逻辑回归也是一种常用的分类方法，最常见的是用于处理二分类问题，即分类为 0 或 1（逻辑值）。它是用一条直线将实例分类，与线性回归不同，这里的 y 是分类 0 或 1，而不是具体数值。

2.6.1   Sigmoid()函数

Sigmoid()函数（简称 S 型函数）是数值和逻辑值转换的一个转化函数工具，作用是将 x 从负无穷到正无穷的取值范围映射到 y 的 0～1 的取值范围，如图 2.12 所示。由于 0,1 分类不是连续的，所以用一个平滑的函数拟合逻辑值，同时在算法中又使用了 Sigmoid()函数，所以叫作逻辑回归算法。

2.6.2   逻辑回归算法

逻辑回归算法包括发现逻辑函数、构建成本函数、求解成本函数的过程。算法流程图如图 2.13 所示。

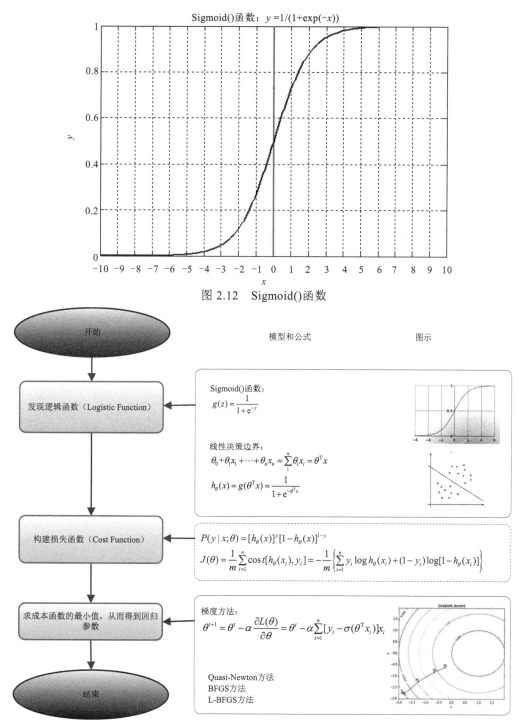

图 2.12　Sigmoid()函数

图 2.13　逻辑回归算法流程图

2.7　使用逻辑回归对鸢尾花进行分类

本节将使用逻辑回归算法的模型处理经典鸢尾花的特征数据集 Iris（鸢尾花的数据集），只取数据集 Iris 中的两个特征 Sepal.Length（花萼长度）和 Petal.Length（花瓣长度），定义为 X（X1，X2），对应 y 分类中的两个类别（0,1），将根据 X（X1，X2）的值对鸢尾花进行分类。首先绘制这两个特征的散点图，程序如下所示。

```python
#程序 2-4 名称: logicscatter.py
from sklearn.datasets import load_iris
import matplotlib.pyplot as plt
import numpy as np
iris = load_iris()                      #加载数据集
data = iris.data                        #获取数据集中的数据
target = iris.target                    #读取数据集中的 target 数据
X = data[0:100,[0,2]]                   #赋值给 X
y = target[0:100]                       #从 target 中取前 100 个数据赋给 y
print (X[:5])                           #打印出 X 的数据
print (y[-5:])                          #打印出 y 的数据
label = np.array(y)                     #存储单一数据类型的多维数组给 label
index_0 = np.where(label==0)            #根据条件 label=0 生成新的数组 index_0
plt.scatter(X[index_0,0],X[index_0,1],marker='x',color = 'b',label = '0',s = 15)
    #绘制满足条件的散点图
index_1 =np.where(label==1)             #根据条件 label=1 生成新的数组 index_1
plt.scatter(X[index_1,0],X[index_1,1],marker='o',color = 'r',label = '1',s = 15)
    #绘制满足条件的散点图
plt.xlabel('X1')                        #设置横坐标名称
plt.ylabel('X2')                        #设置纵坐标名称
plt.legend(loc = 'upper left')          #设置图例
plt.show()                              #显示图形
```

程序运行结果如图 2.14 所示。

接着编写一个逻辑回归模型的类，然后训练测试，计算损失函数（损失函数的本质是衡量“模型预估值”到“实际值”的距离）。注意损失函数值越小，模型越好，而且损失函数尽量是一个凸函数，便于收敛计算。逻辑回归模型预估的是样本属于某个分类的概率，其损失函数可以采用均方差、对数、概率等方法。计算损失函数流程如图 2.15 所示，程序如下所示。

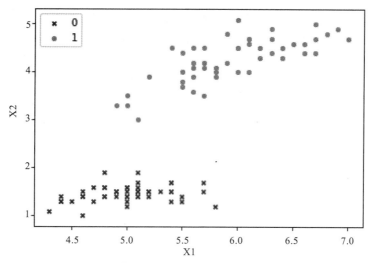

图 2.14　X1 和 X2 的散点图

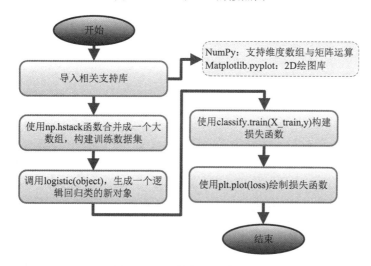

图 2.15　计算损失函数流程

```
#程序 2-5 名称: logicregressionloss.py
import matplotlib.pyplot as plt
import numpy as np
#定义逻辑回归类
class logistic(object):
    def __init__(self):                              #定义初始化函数
        self.W = None                                #将权重变量 self.W 设置为 None
    def train(self,X,y,learn_rate = 0.01,num_iters = 5000):     #定义训练函数最多迭
代 5000 次
```

```
    num_train,num_feature = X.shape              #赋值
    #权重初始化
    self.W = 0.001*np.random.randn(num_feature,1).reshape((-1,1))
    loss = []                                    #定义损失变量 loss
    for i in range(num_iters):                   #循环计算损失值
        error,dW = self.compute_loss(X,y)   #调用定义的损失函数,根据输入的 X,y 计算
        self.W += -learn_rate*dW                 #权重累加
        loss.append(error)                       #向 loss 尾部添加一个 error
        if i%200==0:                             #如果满足 i 除以 200 的余数是 0 的条件
            print ('i=%d,error=%f' %(i,error))   #打印误差值
    return loss
def compute_loss(self,X,y):                      #计算损失函数
    num_train = X.shape[0] #将变量 X 的第一维度的长度值(相当于行数)赋给 num_train
    h = self.output(X)
    loss = -np.sum((y*np.log(h) + (1-y)*np.log((1-h))))  #计算损失值
    loss = loss / num_train                      #计算损失均值
    dW = X.T.dot((h-y)) / num_train              #计算权重
    return loss,dW                               #返回数据
def output(self,X):                              #定义输出函数
    g = np.dot(X,self.W)                         #计算两个数组的点积返回的标量
    return self.sigmoid(g)                       #返回
def sigmoid(self,X):                             #定义 sigmoid() 函数
    return 1/(1+np.exp(-X))                      #返回 sigmoid() 函数结果
def predict(self,X_test):                        #定义预测函数
    h = self.output(X_test)
    y_pred = np.where(h>=0.5,1,0)  #若满足条件 h≥0.5,则输出 1;若不满足条件 h≥0.5,则
输出 0
    return y_pred                                #返回预测值
y = y.reshape((-1,1))                            #给予数组 y 一个新的形状,不改变它的数据
one = np.ones((X.shape[0],1))                    #构建值为 1 的数组
X_train = np.hstack((one,X))                     #在水平方向上平铺数组 one 和 X
classify = logistic()                            #实例化一个对象
loss = classify.train(X_train,y)                 #调用训练函数进行训练,得到损失函数
print (classify.W)                               #打印分类结果
plt.plot(loss)                                   #绘制损失函数
plt.xlabel('Iteration number')                   #设置横坐标名称
plt.ylabel('Loss value')                         #设置纵坐标名称
plt.show()                                       #显示曲线
```

运行结果如图 2.16 所示。

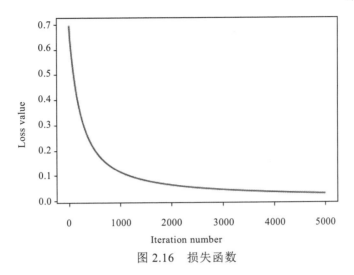

图 2.16　损失函数

以绘图的方式对"决策边界"可视化，程序代码如下。运行结果如图 2.17 所示，可以看出，最后学习到的决策边界成功地隔开了两个类别。

```
#程序 2-6 名称：logicdrawborder.py
import matplotlib.pyplot as plt
import numpy as np
label = np.array(y)                        #创建数组 label
index_0 = np.where(label==0)               #根据条件 label=0 生成新的数组 index_0
plt.scatter(X[index_0,0],X[index_0,1],marker='x',color = 'b',label = '0',s =
15)      #绘制散点图
 index_1 =np.where(label==1)               #根据条件 label=1 生成新的数组 index_1
plt.scatter(X[index_1,0],X[index_1,1],marker='o',color = 'r',label = '1',s =
15)      #绘制散点图
#以下绘制分类边界线
x1 = np.arange(4,7.5,0.5)                   #返回一个有终点和起点的固定步长的排列
x2 = (- classify.W[0] - classify.W[1]*x1) / classify.W[2]  #计算 x2
plt.plot(x1,x2,color = 'black')            #绘制分类边界线
plt.xlabel('X1')                           #设置横坐标名称
plt.ylabel('X2')                           #设置纵坐标名称
plt.legend(loc = 'upper left')             #设置图例
plt.show()                                 #显示图形
```

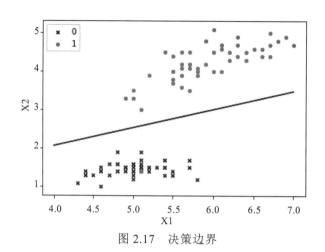

图 2.17　决策边界

第 3 章　最近邻算法

最近邻（k-Nearest Neighbor，KNN）算法是机器学习的经典算法之一，属于监督学习的范畴，经常用来进行分类和回归，用途广泛，易于理解，易于实现，适合处理多分类问题。本章首先提出 KNN 的应用场景，其次介绍 KNN 算法的原理及其 3 个关键要素的确定方法，最后使用 Python 语言实现 KNN 算法的实例。

3.1　KNN 应用场景

下面我们看一个生活中的例子。例如，在做某商品营销策略时，因为各个城市人群消费能力不同，所以需要对某目标人群进行归属城市分类，判断某人生活在哪个城市；如果别人不告诉你来自哪里，拿到样本数据后又不能和对方沟通，只能通过语言和生活习惯判断，那怎么办呢？KNN 算法就可以解决这个问题。

具体怎么做？我们知道，根据中国地图，中国每个市都有自己的经纬度位置，如果按照所处经纬度的坐标值分类，就能判断一个人是生活在北京、上海还是武汉。可以通过计算一个人和中国不同城市样本中的每个人的距离，和他距离最近的 k 个人中的最多的所属城市，就是他生活的城市，这样就完成了所属城市的分类过程，如图 3.1 所示。

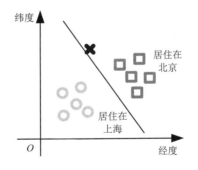

图 3.1　使用 KNN 算法区分人员地域

3.2　KNN 算法概述

KNN 算法又称为最近邻算法，其核心思想是"物以类聚，人以群分"，主要基于测量不同特征值之间的距离方法进行分类。如图 3.2 所示，假设一个 N 维空间中有很多个点，基于某些规则，这些点被分为 $\omega 1$、$\omega 2$ 和 $\omega 3$，同类的点聚集在一起，$\omega 1$ 中的点和其他类（$\omega 2$ 和 $\omega 3$）的点相比，$\omega 1$ 类之间点的距离非常近。如果现在有一个新点 X_u，并不知道它的类别，需要对它进行分类。如果知道了该点的坐标，通过计算它和已存在的所有点的距离，然后以最近的 k 个点的多数类作为它的类别，就可以完成该点的分类，即根据 KNN 算法就可以确定点 X_u 所属类别。

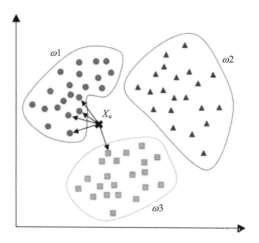

图 3.2　KNN 算法示意

下面通过例子理解 KNN 算法。这是一个电影分类的例子。原始影片数据如表 3.1 所示，即不知道未知电影属于哪种类型，希望可以通过某种方法计算未知电影和已知样本数据的距离，确定未知电影的类型，即通过比较未知电影和已知电影（打斗次数和接吻次数的特征），确定未知电影的类型是动作片，还是爱情片，如图 3.3 所示。

表 3.1　原始影片数据

电 影 名 称	打斗次数	接吻次数	电影类型
Robo Slayer 3000	99	5	动作片
Kevin Longblade	101	10	动作片
Amped Ⅱ	98	2	动作片
He is not Really into Dudes	2	100	爱情片
California Man	3	104	爱情片
Beautiful Women	1	81	爱情片
未知电影	18	90	未知

可以采用距离度量的方法计算，计算后得到样本集中各个样本影片与未知电影的距离，按照距离的递增顺序排序的结果如表 3.2 所示。

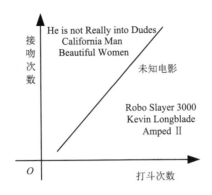

图 3.3　影片分类

表 3.2　与未知电影的距离排序

电 影 名 称	与未知电影的距离（接近度）
He is not Really into Dudes	18.7
Beautiful Women	19.2
California Man	20.5
Kevin Longblade	115
Robo Slayer 3000	117
Amped Ⅱ	119

　　按照前面定义提到的可以以最近的 k 个点的多数类别作为未知电影的类别，也就是说，可以找到 k 个距离最近的电影，当 $k=3$ 时，根据距离值 3 个最近的电影分别是 He is not Really into Dudes、Beautiful Women 和 California Man。这 3 部电影都是爱情片，所以可以确定未知电影也是爱情片。

3.3　KNN 算法流程

　　KNN 算法可以对数据进行分类和回归处理，其算法流程如图 3.4 所示。该算法的输入是待分类数据和训练样本数据集，输出是待分类样本的类别。KNN 没有显示训练过程，在训练集数据和标签已知的情况下，输入待分类数据，将待分类数据与训练集数据对应的特征进行比较，找到训练集中与之最相似的前 k 个数据，这样就可以确定数据的类别了。注意图 3.4 算法流程中多个点需要循环计算距离，直到未知样本和所有训练样本的距离都计算完，得到目前 k 个最近邻样本中的最大距离 maxdist，如果距离小于 maxdist，则将该训练样本作为 k-最近邻样本。

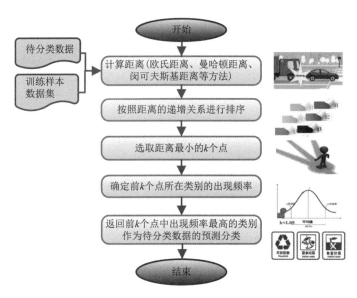

图 3.4　KNN 算法流程

3.4　KNN 算法核心三要素

KNN 算法的距离度量、k 取值和分类规则是 KNN 算法的核心三要素，直接影响 KNN 算法的分类效果，如图 3.5 所示。在 KNN 算法中，当训练数据集和三要素确定后，相当于将特征空间划分成一些子空间，对于每个训练实例 x_i，距离该点比距离其他点更近的所有点组成了一个区域，每个区域的类别由决策规则确定且唯一，从而将整个区域划分。对于任何一个测试点，找到其所属的子空间，即可确定类别为该子空间的类别。

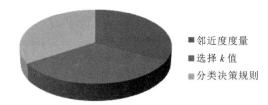

- 邻近度度量
- 选择 k 值
- 分类决策规则

图 3.5　KNN 算法核心三要素

3.4.1　邻近度度量

邻近度度量首先考虑的是两点之间的距离。除了距离，也要考虑两点之间的相似度，越相似，代表两个点距离越近。

1. 单个属性的度量

单个属性的度量可以采用相似度，将相似度定义为 s，s 一般在 0（不相似）和 1（完全相似）之间取值；另外，还可以用相异度 d 度量，d 有时在 0（不相异）和 1（完全相异）之间取值，有时也在 0 和 ∞ 之间取值，如图 3.6 所示。

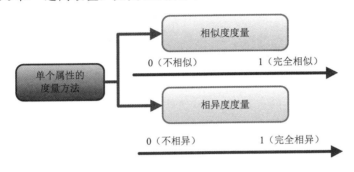

图 3.6　单个属性的测量

2. 二元数据的相似性度量

两个仅包含二元属性的对象之间的相似性度量也称为相似系数（Similarity Coefficient），并且通常在 0 和 1 之间取值，值为 1 表明两个对象完全相似，值为 0 表明两个对象一点也不相似，如图 3.7 所示。

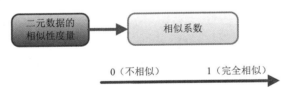

图 3.7　二元数据的相似性度量

一般对于两个 n 维向量，如果是直接物理量，可以用欧氏距离、曼哈顿距离、闵可夫斯基距离方法等计算两个 n 维向量之间的距离；对于文本分类而言，一般可以采用余弦定理计算两个 n 维向量之间的夹角确定相似度。

图 3.8 给出了欧氏距离和曼哈顿距离之间的关系，ABC 直角折线曼哈顿距离，对角直线 AB 代表欧氏距离（也就是直线距离），另外两条折纸（经过 D 点的 ADB 和经过 E 点的 AEB）代表等价的曼哈顿距离。

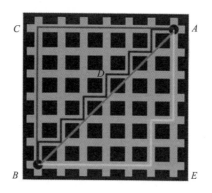

图 3.8　欧氏距离和曼哈顿距离之间关系

3. 欧氏距离

一维或高维空间中两个点 x 和 y 之间的欧几里得距离（Euclidean Distance）简称欧氏距离，定义为

$$d(x,y) = \sqrt{\sum_{k=1}^{n}(x_k - y_k)^2} \tag{3.1}$$

其中，n 是维数，而 x_k 和 y_k 分别是 x 和 y 的第 k 个属性值。

欧氏距离是最常用的距离公式。例如，对人进行所属城市分类时，根据经纬度可以计算欧氏距离，如北京天安门广场的东经为 $116°23'17''$，北纬为 $39°54'27''$，上海外滩地标的东经为 $121°29'$、北纬为 $31°11'$，现在有一个人所在城市的东经 $115°9'$，北纬为 $39°60'$，那么通过欧氏距离计算他和北京、上海多个位置的欧氏距离，会发现他的距离与北京更近，经纬度也在北京的范围内，没错，其实他在北京市门头沟区。

4. 曼哈顿距离

曼哈顿距离是从规划为方形建筑区块的城市（如美国纽约市的曼哈顿）间最短的行车路径而来，定义为

$$d(x,y) = \sqrt{\sum_{k=1}^{n}|x_k - y_k|} \tag{3.2}$$

其中，n 是维数，而 x_k 和 y_k 分别是 x 和 y 的第 k 个属性值。

5. 闵可夫斯基距离

两个 n 维变量 $a(x_{11},x_{12},\cdots,x_{1n})$ 与 $b(x_{21},x_{22},\cdots,x_{2n})$ 间的闵可夫斯基距离定义为

$$d(x,y) = \sqrt{\sum_{k=1}^{n}|x_k - y_k|^p} \tag{3.3}$$

其中，p 是一个变参数，仔细观察会发现，$p=1$ 时，是曼哈顿距离；$p=2$ 时，是欧氏距离；$p \rightarrow$

∞时，是切比雪夫距离。

3.4.2　如何选择 k 值

k 值的选取关系到整个 KNN 分类器的性能。如果 k 值取得过小，容易受噪点的影响而导致分类出现错误；k 值如果取得过大，又容易导致分类不清，混淆其他类别的点。k 值较小，相当于用较小邻域中的训练实例进行预测。应用中，一般选择较小的 k 值并且 k 取奇数，通常采用交叉验证的方法选取最合适的 k 值。

下面通过一个例子观察 k 取值对分类的影响，如图 3.9 所示，目标是确定粉色圆形属于红色三角形，还是蓝色正方形？如果 $k=3$，由于红色三角形所占比例为 2/3（看内圈圆里的红色三角形和蓝色正方形），粉色圆形将被赋予属于红色三角形类别；如果 $k=5$，由于蓝色正方形比例为 3/5（看外圈圆里的红色三角形和蓝色正方形），因此粉色圆形将被赋予蓝色正方形类别，从这个例子可以知道 k 的取值会影响分类结果。

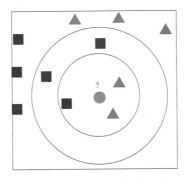

图 3.9　k 取值对分类的影响

3.4.3　分类决策规则

前面提到使用 KNN 算法可以进行回归和分类预测。那么，KNN 做回归和分类的区别是什么呢？处理过程类似，区别主要是决策规则不同。使用 KNN 算法做回归时，一般选择平均法，即最近的 k 个样本的样本输出的平均值作为回归预测值；而做分类预测时，通常采用多数表决法，即训练集里和预测的样本特征最近的 k 个样本，决策类别时，预测为有最多类别数的类别。

3.5　KNN 算法的优缺点

KNN 算法是比较简单的分类算法，易于理解，易于实现，适合处理多分类问题。它既可用来做分类，也可用来做回归，还可用于非线性分类；训练时间复杂度为 $O(n)$；具有准确度高、对数据没有假设、对离群值不敏感等优点。缺点有计算量大；样本不平衡，即有些类别的样本数量很多，而其他样本的数量很少；计算需要大量的内存等问题。

3.6　KNN 算法的 Python 实现

　　拿到待分类的数据集，不能直接使用 KNN 算法，首先需要对样本数据进行规范化处理，以保证各个物理量之间处于同一个数量级下，消除不同量纲之间的差异。例如，想通过一个人的年龄和工资对人员级别进行分类，很明显，工资的数值远大于年龄，如果不对它进行统一的规范处理，"工资"特征必然会左右分类结果，从而导致"年龄"特征无效化，这就违背了目标。

　　本书使用 Python 3.6（64 位）软件进行 KNN 算法验证，该程序的目的是根据训练数据使用 KNN 算法对数据[1.1 0.3]进行分类，分类标签包括 A 和 B 两个，也就是说，需要确定给定的数据属于 A 类，还是属于 B 类。KNN 分类示例如图 3.10 所示。

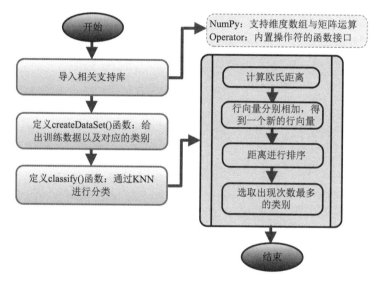

图 3.10　KNN 分类示例

　　如果使用的是 Python 2.7 版本，语法会有些许不同，程序需要做一些修改才能运行。根据 KNN 算法流程，建立一个 KNN.py 文件，实现代码如下所示。

```
#程序 3-1 名称：KNN.py
#coding:utf-8
from numpy import *
import operator
#给出训练数据以及对应的类别
def createDataSet():                              #定义创建数据集函数
    group = array([[1.0,2.0],[1.2,0.1],[0.1,1.4],[0.3,3.5]])    #数据存储到数
组变量 group 中
```

```
    labels = ['A','A','B','B']                      #定义标签变量
    return group,labels                             #返回数据数组和标签变量
#通过使用 KNN 算法进行分类
def classify(input,dataSet,label,k):                #定义分类函数 classify
    dataSize = dataSet.shape[0]                      #定义存储数据集数组第一维度的长度的变量
    #计算欧氏距离
    diff = tile(input,(dataSize,1)) - dataset        #tile(A,rep)的功能是重复 A 的各个
维度
    sqdiff = diff ** 2                               #diff 的平方
    squareDist = sum(sqdiff,axis = 1)               #行向量分别相加,从而得到一个新的行向量
    dist = squareDist ** 0.5                         #得到欧氏距离
    #对距离进行排序
    sortedDistIndex = argsort(dist)  #argsort()  #根据元素的值排序,返回下标
    classCount={}                                   #定义一个空的字典 classCount
    for i in range(k):                              #循环处理
        voteLabel = label[sortedDistIndex[i]]   #返回距离最近的 k 个点对应的标签值
        #存放到字典中
        classCount[voteLabel] = classCount.get(voteLabel,0) + 1
        #选取出现次数最多的类别
    maxCount = 0                                     #定义变量 maxCount
    for key,value in classCount.items():            #循环
        if value > maxCount:                        #比较,如果满足 value > maxCount
的条件
            maxCount = value                        #value 赋值给 maxCount
            classes = key                           #key 赋值给 classes
    return classes                                  #返回分类结果
```

编写一个测试程序 testKNN.py，如程序 3-2 所示。运行结果为"测试数据为：[1.1 0.3]分类结果为：A"。程序运行结果如图 3.11 所示。

```
#程序 3-2 名称：testKNN.py
#-*-coding:utf-8 -*-
import sys
sys.path.append("...文件路径...")
import KNN
from numpy import *
dataSet,labels = KNN.createDataSet()                #创建数据集
input = array([1.1,0.3])                            #定义输入变量数组
K = 3                                               #定义 K = 3
output = KNN.classify(input,dataSet,labels,K)       #调用 classify()函数进行 KNN 分类
print("测试数据为:",input,"分类结果为：",output)    #打印输出分类结果
```

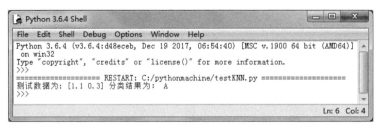

图 3.11 程序运行结果

第 4 章　贝叶斯分类

贝叶斯分类是机器学习的核心方法之一。本章首先介绍贝叶斯分类算法的应用场景，然后介绍贝叶斯定理的基本概念、朴素贝叶斯分类原理和算法流程、贝叶斯网络基本结构、贝叶斯网络和朴素贝叶斯的区别和联系，最后使用 Python 实现贝叶斯分类的实例。

4.1　贝叶斯分类应用场景

在生活中有时会遇到以下场景，一个产品销售商说发了一封电子邮件介绍他们新上市的产品，让你查收一下。但是你进入电子邮箱，在收件箱里面找不到这封邮件，找了好久后，你灵机一动会不会在垃圾箱中，你打开垃圾箱，果不其然，这封产品推广邮件真的在垃圾箱中，为什么邮件被自动分类到垃圾箱中了呢？这就是用到了垃圾邮件过滤（识别垃圾邮件），大多数情况下是使用朴素贝叶斯分类器实现的，如图 4.1 所示。

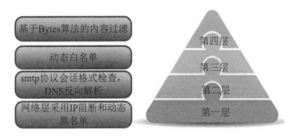

图 4.1　使用贝叶斯分离器过滤垃圾邮件

此外，与其他算法相比，用于文本分类的朴素贝叶斯分类器具有更高的成功率，因此，它被广泛用于垃圾邮件过滤的识别垃圾邮件和社交媒体分析中的情感分析(识别积极和消极的客户情绪)。

此外朴素贝叶斯分类器还可以和协作过滤算法一起构建用户推荐系统，过滤看不见的信息，并预测用户是否会喜欢给定的商品资源。一些电商网站（如淘宝网）的商品推荐采用的就是这类技术。

4.2　贝叶斯定理

首先我们看一下抛硬币的概率问题，向空中抛出硬币，落地时正面和反面的概率分别是多少？按照常识我们会说各是 50%。但我们只抛 10 次，正面和反面的次数并不会都是 5 次，有可能是正面 6 次、反面 4 次。为了使两面的概率差不多相同，就需要将硬币抛无数次，也就是说抛硬币无数次时，两面各自出现的概率 50%是一个客观概率，并不会随着抛掷次数的增减而发生改变。

与这个精确客观的概率不同，贝叶斯定理要求先估计一个主观的先验概率，再根据随后观察到的实际情况进行调整，随着调整次数的增加，其结果会越来越精确。

利用联合概率 $P(AB)$ 可以计算出条件概率，例如 $P(AB)$ 和 $P(A)$ 已经知道，如果想知道事件 A 发生的前提下 B 发生的概率，则 $P(B|A) = P(AB) / P(A)$，如图 4.2 所示。但是如果想计算 $P(A|B)$ 的概率呢？$P(A|B)$ 的概率可以由贝叶斯定理计算获得，如图 4.3 所示。

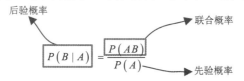

图 4.2　计算 A 发生的前提下 B 发生的概率

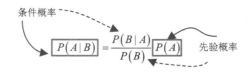

图 4.3　贝叶斯定理

其中，$P(A)$ 是先验概率，计算前假设的概率，如抛硬币正面向上的概率为 50%；$P(B|A)$ 就是后验概率，是看到数据的后计算得到的；$P(A|B)$ 是根据先验概率和后验概率计算得到的，称为条件概率，也称似然度；$P(B)$ 是在任何情况下该事件发生的概率。

那么贝叶斯定理怎么应用呢？我们来看一个贝叶斯定理应用的经典例子。某种疾病的发病率为 0.1%，即 1000 人中有一个人是阳性，假设检测准确率高达 99%，但是又有 5%的误报率。如果某人的检测结果呈阳性，那么他感染该病的概率是多少？具体的计算过程如图 4.4 所示，可见检测结果呈阳性的可信度只有 1.9%。所以若一种病的发病率很低，即使检测结果呈阳性，也不用过多担忧，可以隔段时间多检验几次。

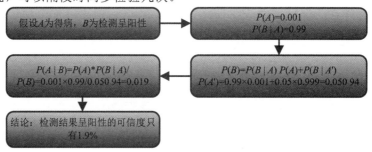

图 4.4　贝叶斯定理应用

4.3　朴素贝叶斯分类原理和算法

朴素贝叶斯分类是一种简单的分类算法，如图 4.5 所示。它的基本思想是对于给出的待分类项，求解各个类别出现的概率，哪个概率最大待分类项属于哪个类别。

举个例子，比如在街上看到一个和本地人长得不太一样的人戴顶帽子在烤羊肉串，猜猜这小哥从哪里来的？十有八九我们会猜测他是从新疆来的。为什么呢？因为新疆的羊肉串好吃，烤羊肉串的新疆人的概率也最高，当然人家也可能是宁夏人或者青海人，但在没有其他可用信息下，选择条件概率最大的类别就是确定其为新疆人。具体使用朴素贝叶斯分类过程如图 4.6 所示，可见朴素贝叶斯分类过程包括如下三个阶段。

（1）准备工作阶段：根据具体情况确定特征属性，并对每个特征属性进行适当划分，然后由人工对一部分待分类项进行分类，形成训练样本集合。该阶段的输入是所有待分类数据，输出是特征属性和训练样本。该阶段需要人工处理，对分类过程和结果影响重大，分类器的质量主要由特征属性、特征属性划分及训练样本质量决定。

（2）分类器训练阶段：计算每个类别在训练样本中的出现频率及每个特征属性划分对每个类别的条件概率估计，并记录结果。其输入是特征属性和训练样本，输出是分类器。该阶段根据朴素贝叶斯公式由程序自动完成。

（3）应用阶段：使用分类器对待分类项进行分类，其输入是分类器和待分类项，输出是待分类项与类别的映射关系。

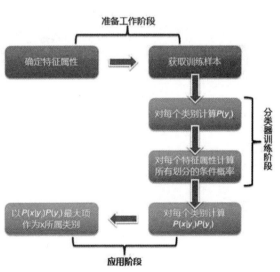

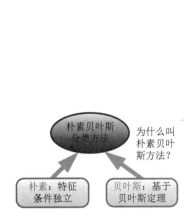

图 4.5　为什么叫朴素贝叶斯分类方法　　　　图 4.6　朴素贝叶斯分类过程

4.4　贝叶斯网络

朴素贝叶斯分类虽然简单易用，却局限于当特征属性有条件独立或基本独立时，朴素贝叶斯分类法的准确率最高。但是现实中各个特征属性间具有较强的相关性，这就限制了朴素贝叶斯处理分类问题的能力。

贝叶斯网络（Bayesian Network）也称为信念网络（Belief Network），它借助于有向无环图（Directed Acyclic Graph）来刻画属性之间的依赖关系，并且使用条件概率表来描述属性的联合概率分布。一个贝叶斯网络 B 由结构 G 和参数 Θ 构成，即满足

$$B=<G,\Theta> \tag{4.1}$$

图 4.7 给出了描述心血管疾病和关联因素的一个贝叶斯网络，一个节点表示一个状态，状态之间的连线表示因果关系。每一个关系有一个描述因果强度的权重，叫作可信度，两个节点直接相连，说明两个节点有因果关系，如高胆固醇和运动量有关系。

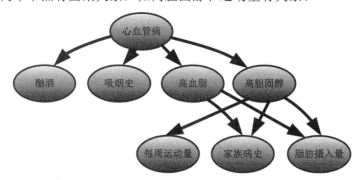

图 4.7　心血管疾病和关联因素的贝叶斯网络

如图 4.8 所示为一个最简单的包含 3 个节点的贝叶斯网络。其中，$P(\pi_1)$ 是节点 A 的概率分布（先验概率），$P(X_1|\pi_1)$ 与 $P(X_2|\pi_1)$ 为节点 B、C 的概率分布（后验概率）。

几种常见的贝叶斯网络如图 4.9 所示。

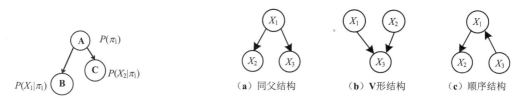

图 4.8　贝叶斯网络　　　　　　图 4.9　贝叶斯网络的三种结构

（1）同父结构：给定 x_1 的取值，则 x_2 和 x_3 条件独立；x_1 的取值未知，则 x_2 和 x_3 不独立。

（2）V 形结构：给定子节点 x_3 的取值，x_1 和 x_2 必不独立；但是在 x_3 的取值完全未知的时候，x_1 和 x_2 相互独立。

（3）顺序结构：给定 x_1 的值，则 x_2 和 x_3 条件独立；x_1 的取值未知，则 x_2 和 x_3 不独立。

4.5　贝叶斯估计

有一批样本数据集 $D=\{x_1, x_2, \cdots, x_n\}$，假设这些数据是以含有未知参数 θ 某种概率形式分布的。贝叶斯估计的任务就是通过已有的数据估计这个未知参数 θ。估计这个参数的好处是可以对外来的数据进行预测。贝叶斯估计是从参数的先验信息和样本信息出发，其原理如图 4.10 所示。

贝叶斯估计的本质就是通过贝叶斯决策得到参数 θ 的最优估计，使得总期望风险最小。基于平方误差损失函数的贝叶斯估计的算法流程如图 4.11 所示。

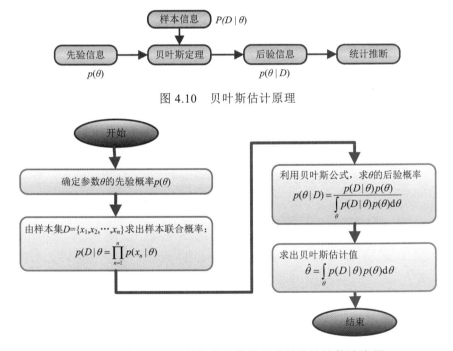

图 4.10　贝叶斯估计原理

图 4.11　基于平方误差损失函数的贝叶斯估计的算法流程

4.6　实例：使用朴素贝叶斯对电子邮件分类

朴素贝叶斯实现垃圾邮件分类的步骤如图 4.12 所示。使用的邮件数据集和程序代码可以从 https://github.com/Asia-Lee/Naive_Bayes 下载。下载包中的 ham 文件夹下的 txt 文本文件为正常邮件（非垃圾邮件），spam 文件夹下的 txt 文本文件为垃圾邮件。

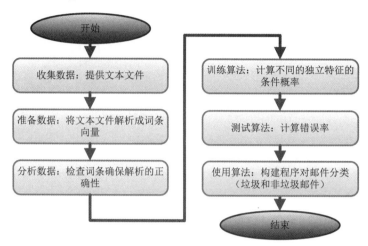

图 4.12　朴素贝叶斯实现垃圾邮件分类的步骤

　　使用 Python 语言实现的朴素贝叶斯实现垃圾邮件分类的程序代码如下。

```
#程序 4-1 实现的朴素贝叶斯实现垃圾邮件分类 名称：scatterdiagram.py
# -*- coding: utf-8 -*-
import numpy as np
import re
import random
"""
函数说明:将切分的实验样本词条整理成不重复的词条列表，也就是词汇表
参数：
    dataSet - 整理的样本数据集
返回值：
    vocabSet - 返回不重复的词条列表，也就是词汇表
"""
def createVocabList(dataSet):
    vocabSet = set([])                          #创建一个空的不重复列表
    for document in dataSet:                    #循环取出数据集中的词条
        vocabSet = vocabSet | set(document)     #取并集
    return list(vocabSet)                       #返回列表
"""
函数说明:根据 vocabList 词汇表将 inputSet 向量化，向量的每个元素为 1 或 0
输入参数：
    vocabList - createVocabList 返回的列表
    inputSet - 切分的词条列表
返回至：
```

```
        returnVec - 文档向量，词集模型
"""
def setOfWords2Vec(vocabList, inputSet):
    returnVec = [0] * len(vocabList)            #创建一个其中所含元素都为 0 的向量
    for word in inputSet:                        #遍历每个词条
        if word in vocabList:                    #如果词条存在于词汇表中，则置 1
            returnVec[vocabList.index(word)] = 1
        else:
            print("the word: %s is not in my Vocabulary!" % word)
    return returnVec                             #返回文档向量
"""
```

函数说明:根据 vocabList 词汇表，构建词袋模型
参数:
    vocabList - createVocabList 返回的列表
    inputSet - 切分的词条列表
返回值:
    returnVec - 文档向量，词袋模型
"""

```
def bagOfWords2VecMN(vocabList, inputSet):
    returnVec = [0] * len(vocabList)            #创建一个其中所含元素都为 0 的向量
    for word in inputSet:                        #遍历每个词条
        if word in vocabList:                    #如果词条存在于词汇表中，则计数加 1
            returnVec[vocabList.index(word)] += 1
    return returnVec                             #返回词袋模型
"""
```

trainNB0 函数:朴素贝叶斯分类器训练函数
参数:
    trainMatrix - 训练文档矩阵，即 setOfWords2Vec 返回的 returnVec 构成的矩阵
    trainCategory - 训练类别标签向量，即 loadDataSet 返回的 classVec
返回值:
    p0Vect - 正常邮件类的条件概率数组
    p1Vect - 垃圾邮件类的条件概率数组
    pAbusive - 文档属于垃圾邮件类的概率
"""

```
def trainNB0(trainMatrix, trainCategory):
    numTrainDocs = len(trainMatrix)              #计算训练的文档数目
    numWords = len(trainMatrix[0])               #计算每篇文档的词条数
    pAbusive = sum(trainCategory) / float(numTrainDocs)   #文档属于垃圾邮件类的概率
    p0Num = np.ones(numWords)
    p1Num = np.ones(numWords) #创建 numpy.ones 数组，词条出现数初始化为 1，使用拉普
```

拉斯平滑处理方法解决零概率问题

```
    p0Denom = 2.0
    p1Denom = 2.0                                      #分母初始化为2，使用拉普拉斯平滑处理方法
    for i in range(numTrainDocs):                      #循环处理
        if trainCategory[i] == 1:#统计属于侮辱类的条件概率所需的数据，即 P(w0|1),P(w1|1),
P(w2|1)…
            p1Num += trainMatrix[i]
            p1Denom += sum(trainMatrix[i])
        else:    #统计属于非侮辱类的条件概率所需的数据，即 P(w0|0),P(w1|0),P(w2|0)…
            p0Num += trainMatrix[i]
            p0Denom += sum(trainMatrix[i])
    p1Vect = np.log(p1Num / p1Denom)
    p0Vect = np.log(p0Num / p0Denom)    #取对数，防止下溢
    return p0Vect, p1Vect, pAbusive    #返回属于正常邮件类的条件概率数组，属于侮辱垃
圾邮件类的条件概率数组，文档属于垃圾邮件类的概率
"""
classifyNB 函数：朴素贝叶斯分类器分类函数
输入参数：
    vec2Classify - 待分类的词条数组
    p0Vec - 正常邮件类的条件概率数组
    p1Vec - 垃圾邮件类的条件概率数组
    pClass1 - 文档属于垃圾邮件的概率
返回值：
    0 - 属于正常邮件类
    1 - 属于垃圾邮件类
"""
def classifyNB(vec2Classify, p0Vec, p1Vec, pClass1):
    #p1 = reduce(lambda x, y: x * y, vec2Classify * p1Vec) * pClass1
    #对应元素相乘
    #p0 = reduce(lambda x, y: x * y, vec2Classify * p0Vec) * (1.0 - pClass1)
    #对应元素相乘
    p1=sum(vec2Classify*p1Vec)+np.log(pClass1)                        #求和
    p0=sum(vec2Classify*p0Vec)+np.log(1.0-pClass1)                    #求和
    if p1 > p0:    #如果满足 p1 > p0de 条件，返回 1，否则返回 0
        return 1
    else:
        return 0
#textParse 函数：接收一个大字符串并将其解析为字符串列表
def textParse(bigString):                        #将字符串转换为字符列表
    listOfTokens = re.split(r'\W*', bigString)
```

```
    #将特殊符号作为切分标志进行字符串切分，即非字母、非数字
    return [tok.lower() for tok in listOfTokens if len(tok) > 2]
    #除了单个字母，例如大写的 I，其他单词变成小写
    #spamTest 函数:测试朴素贝叶斯分类器，使用朴素贝叶斯进行交叉验证
def spamTest():
    docList = []                            #定义三个变量
    classList = []
    fullText = []
    for i in range(1, 26):                  #遍历 25 个 txt 文件
        wordList = textParse(open('email/spam/%d.txt' % i, 'r').read())
        #读取每个垃圾邮件，并字符串转换成字符列表
        docList.append(wordList)
        fullText.append(wordList)
        classList.append(1)                 #标记垃圾邮件，1 表示垃圾文件
        wordList = textParse(open('email/ham/%d.txt' % i, 'r').read())
        #读取每个非垃圾邮件，并字符串转换成字符列表
        docList.append(wordList)
        fullText.append(wordList)
        classList.append(0)                 #标记正常邮件，0 表示正常文件
    vocabList = createVocabList(docList)     #创建词汇表，不重复
    trainingSet = list(range(50))
    testSet = []   #创建存储训练集的索引值的列表和测试集的索引值的列表
    for i in range(10):   #从 50 个邮件中，随机挑选出 40 个作为训练集，10 个作为测试集
        randIndex = int(random.uniform(0, len(trainingSet)))   #随机选取索引值
        testSet.append(trainingSet[randIndex])   #添加测试集的索引值
        del (trainingSet[randIndex])             #在训练集列表中删除添加到测试集的索引值
    trainMat = []
    trainClasses = []                        #创建训练集矩阵和训练集类别标签系向量
    for docIndex in trainingSet:             #遍历训练集
        trainMat.append(setOfWords2Vec(vocabList, docList[docIndex]))
    #将生成的词集模型添加到训练矩阵中
        trainClasses.append(classList[docIndex]) #将类别添加到训练集类别标签系向量中
    p0V, p1V, pSpam = trainNB0(np.array(trainMat), np.array(trainClasses))
    #训练朴素贝叶斯模型
    errorCount = 0                           #错误分类计数
    for docIndex in testSet:                 #遍历测试集
        wordVector = setOfWords2Vec(vocabList, docList[docIndex]) #测试集的词集
模型
        if classifyNB(np.array(wordVector), p0V, p1V, pSpam) != classList[docIndex]:
        #如果分类错误
```

```
        errorCount += 1                    #错误计数加 1
        print("分类错误的测试集：", docList[docIndex])
    print('错误率：%.2f%%' % (float(errorCount) / len(testSet) * 100))
if __name__ == '__main__':
    spamTest()
```

对邮件中的关键词进行识别，从而实现垃圾邮寄分类的程序运行结果如图 4.13 所示。

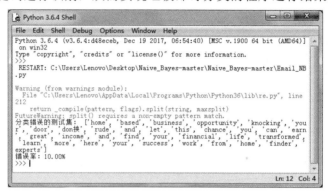

图 4.13　朴素贝叶斯实现垃圾邮件分类程序运行结果

第 5 章 支持向量机分类

支持向量机分类是机器学习分类算法中应用广泛且效果不错的算法。本章首先介绍支持向量机的应用场景分析，接着介绍支持向量机的概念、原理和算法，机器学习扩展库 Sklearn 的 SVM 支持向量机分类器的使用方法等内容，在实践部分介绍了 MATLAB 中使用线性可分 SVM 对数据分类实例，使用 Python 实现人脸识别的两个实例。

5.1 支持向量机分类应用场景

人脸识别在生活中的应用越来越多，2016 年 6 月支付宝就开启了刷脸支付。如果你觉得使用密码支付时每次都要输入比较麻烦，就可以考虑使用更快捷可靠的刷脸支付方式。支付宝刷脸支付流程如图 5.1 所示。

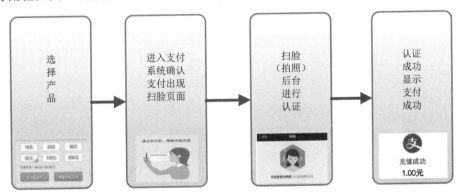

图 5.1 支付宝支付流程

2017 年春节后，在北京、武汉等大城市的高铁站出现了一种新型进站方式——刷脸进站，如图 5.2 所示。刷脸进站这种快捷的进站方式可以准确判断旅客是否票证一致，那么刷脸进站技术是怎么实现的呢？原来刷脸进站使用的是人脸识别技术，即基于人的脸部特征信息对用户身份进行识别。刷脸进站时，自动检票闸机上安装了摄像头，旅客走近机器时，摄像头会自动捕获旅客的脸部信息，并与其身份证上的照片进行比对，票证信息相符，人脸与证件照比对通过，闸机会自动打开放行。

那么这种脸部特征识别是怎么实现的呢？很多人脸识别系统使用的就是支持向量机分类的机器学习算法。

图 5.2　刷脸进站

5.2　支持向量机概念

支持向量机（Support Vector Machine，SVM），可以分析数据、识别模式，主要用于分类和回归分析，在解决小样本、非线性及高维模式识别中具有特殊优势，并可推广应用到函数拟合等机器学习问题中。

根据 SVM 处理问题的能力，可以将 SVM 分为三类：线性可分的线性 SVM（Linear SVM in Linearly Separable Case）、线性不可分的线性 SVM 和非线性（Nonlinear）SVM，如图 5.3 所示。

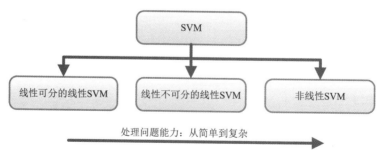

图 5.3　SVM 分类

通俗地讲，SVM 算法就是在二维平面上找到一个合适的分割线把待分类的数据分为两类，如图 5.4 所示。但是注意到图中三条直线都可以将点和星形两类数据分开，但是哪条分割线是最好的呢？

　　假设有一条直线，其方程 $wx+b=0$ 是寻找的最优分割线，最好将两类数据分开，如图 5.5 所示，那么如果能够确定直线方程两个系数 w 和 b 的值，就可以确定这条最优分割直线了。

　　在 SVM 算法中，最优分割面（也称为超平面）就是能使支持向量和超平面最小距离的最大值的平面。SVM 算法的目标是寻找一个超平面，使得离超平面比较近的点能有更大的间距。也就是说，不考虑所有的点都必须远离超平面，只关心求得的超平面能够让所有点中离它最近的点具有最大间距，如图 5.5 中所示 $k1$ 表示样本标记 $Y=-1$ 的数据点离超平面比较近的点和超平面之间的距离；$r1$ 表示样本标记 $Y=1$ 的数据点离超平面比较近的点和超平面之间的距离。

图 5.4　SVM 分类问题示意

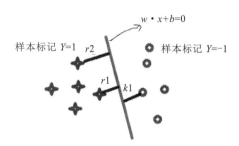

图 5.5　SVM 最优分割线

　　所以说超平面就是满足支持向量到其最小距离最大，即是求 max [支持向量到超平面的最小距离]的问题。

5.3　线性可分和线性不可分 SVM

5.3.1　线性可分 SVM

　　所谓线性可分，就是可以用一个线性函数把数据集的两类样本分开，比如二维空间中的直线、三维空间中的平面以及高维空间中的线性函数。可分是指可以没有误差地分开，线性不可分指有部分样本用线性分类面划分时会产生分类误差的情况。在这种情况下，SVM 就通过一个非线性映射函数把样本映射到一个线性可分高维空间，在此高维空间建立线性分类面，而此高维空间的现行分类面对应的就是输入空间中的非线性分类面。

　　线性可分 SVM 是用于求解线性可分问题的分类问题，其实现原理分为三个步骤，如图 5.6 所示。

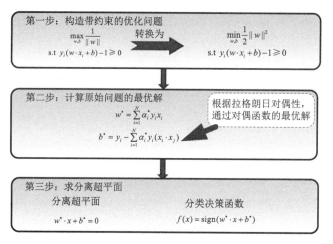

图 5.6　线性可分支持向量机的原理

5.3.2　线性不可分 SVM

5.3.1 小节处理的数据是线性可分的，但是现实情况中的很多数据在一定程度上并不是线性可分的，所谓线性不可分是指不能通过一个线性分类器（如直线、平面）对一个数据集进行分类。如图 5.7 中给出的两类数据是无法使用线性分类器进行分类，还有人脸图像、文本文档都属于这类数据。

通常采用核函数（Kernel）可以有效解决线性不可分问题。它的思路就是把原始的样本通过核函数映射到高维空间中，让样本在高维特征空间中是线性可分的，然后再使用常见的线性分类器进行分类，处理过程如图 5.8 所示。

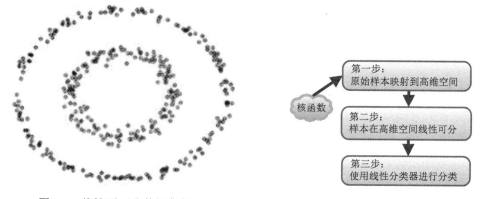

图 5.7　线性不可分数据集例子　　　　图 5.8　核函数解决线性不可分问题的过程

那么如何通过核函数将数据集映射到高维空间呢？对于线性不可分数据集,通过使用合适的核函数处理后,数据集将从二维空间的两个圆环形的分布数据带转换成高维空间的两条沿着直线分布的数据带，即变成了线性可分，如图 5.9 所示。

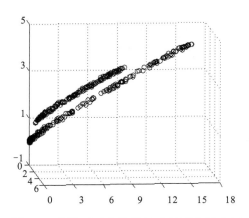

图 5.9　线性不可分数据集映射到高维空间

5.3.3　核函数

假设 ϕ 是一个从低维的输入空间 X（欧氏空间的子集或者离散集合）到高维的希尔伯特空间的 H 映射。那么如果存在函数 $K(x,z)$，对于任意 $x,z \in X$，都有：

$$K(x,z) = \phi(x_i)\phi(x_j) \tag{5.1}$$

$K(x,z)$ 就称为核函数。目前，在 SVM 的机器学习应用中，使用最多的 4 类核函数如图 5.10 所示。

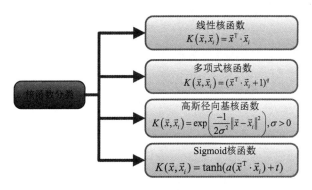

图 5.10　核函数分类

选择核函数的方法如图 5.11 所示。

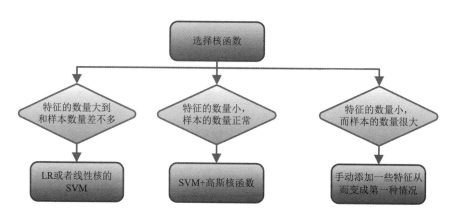

图 5.11　选择核函数方法

5.3.4　分类 SVM 算法流程

引入了核函数后，SVM 算法就完整了，可以不再区别 SVM 是否线性可分，这样的分类 SVM 的算法过程如图 5.12 所示。该算法中的难点是 SMO（Sequential Minimal Optimization）算法的求解过程，SMO 算法包括求解两个变量的二次规划问题和选择这两个变量的启发式方法两部分。SMO 算法原理这里不进一步展开，具体可以参考统计学习方法的相关内容。

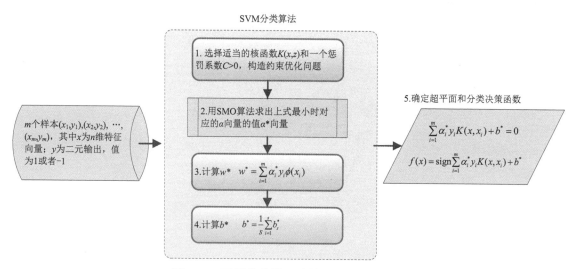

图 5.12　不区分线性可分的 SVM 算法流程

5.4　使用 Sklearn 的 SVM 支持向量机分类器

5.4.1　Sklearn 中 SVM 的类继承关系

在 Scikit-Learn 里，SVM 算法分为 SVC（Support Vector Classifier）和 SVR（Support Vector Regression）。SVM 既可以作为分类器，也可以作为回归器，是通过分别继承 ClassifierMixin 和 RegressorMixin 实现的。Sklearn 中 SVM 的类继承关系图如图 5.13 所示。

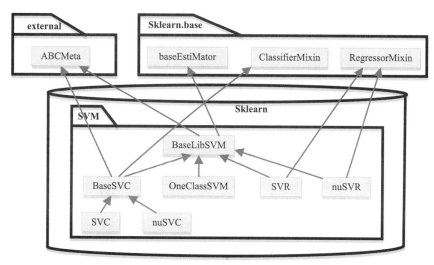

图 5.13　Sklearn 中 SVM 类继承关系图

5.4.2　Sklearn 线性 SVM 分类器

使用 Scikit-Learn 中的 SVM 可以轻松地实现数据的线性分类。我们来看一个例子，该例子模拟生成带分类的两类数据，使用 Scikit-Learn 中的 SVM 进行分类（代码在 https://github.com/youngxiao/SVM-demo 可以下载）。

该示例程序需要安装 Anaconda 软件，导入 Scikit-Learn 库后才能运行，编译环境是 Jupyter Notebook，线性分类 SVM 的程序流程如图 5.14 所示，程序代码如下所示。

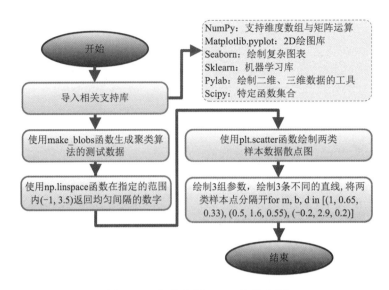

图 5.14　线性分类 SVM 的流程图

```
#程序 5-1 名称: sklearnlinearsvm.py
import Numpy as np
import matplotlib.pyplot as plt
import seaborn;
from sklearn.linear_model import LinearRegression
from scipy import stats
import pylab as pl
seaborn.set()                                                    #数据可视化设置
from sklearn.datasets.samples_generator import make_blobs  #导入 make_blobs 聚类数
据生成器
X, y = make_blobs(n_samples=50, centers=2,   #使用 make_blobs 创建聚类样本数据
              random_state=0, cluster_std=0.60)
xfit = np.linspace(-1, 3.5)
#linspace()通过指定开始值、终值和元素个数创建表示等差数列的一维数组
plt.scatter(X[:, 0], X[:, 1], c=y, s=50, cmap='spring')#绘制散点图
#给定 3 组参数, 可以绘制 3 条不同的直线, 并将两类样本点分隔开
for m, b, d in [(1, 0.65, 0.33), (0.5, 1.6, 0.55), (-0.2, 2.9, 0.2)]:
    yfit = m * xfit + b                                    #建立 y 和 x 直接的关系方程
    plt.plot(xfit, yfit, '-k')                             #绘制直线
    plt.fill_between(xfit, yfit - d, yfit + d, edgecolor='none', color='#AAAAAA',
    alpha=0.4)                                             #颜色填充
plt.xlim(-1, 3.5);                                          #设定 X 轴范围
```

程序的运行结果如图 5.15 所示。

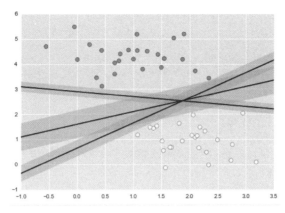

图 5.15 绘制了 3 条直线将两类样本分开

　　Sklearn 的 SVM 里面有一个属性 support_vectors_，表示支持向量，也就是样本点中离超平面最近的点组成的。为了方便观察，可以将超平面和支持向量都绘制在同一个图上，程序代码如下所示。

```
#程序 5-2 名称：sklearnsupportvectors.ps
from sklearn.svm import SVC
clf = SVC(kernel='linear')                    #使用 SVC 创建分类器模型，核函数为线性
clf.fit(X, y)                                 #用训练数据拟合分类器模型
#定义 plot_svc_decision_function 函数
输入参数为：clf 和 ax
def plot_svc_decision_function(clf, ax=None):
    """Plot the decision function for a 2D SVC"""
    if ax is None:                            #如果参数 ax 是 None
        ax = plt.gca()                        #ax 就是当前的子图
    #使用 linspace()函数指定开始值、终值和元素的个数，创建表示等差数列的一维数组 x 和 y
    x = np.linspace(plt.xlim()[0], plt.xlim()[1], 30)
    y = np.linspace(plt.ylim()[0], plt.ylim()[1], 30)
    #生成网格型数据，即接收两个一维数组 x 和 y 生成两个二维矩阵，对应两个数组中所有的(x,y)对
    Y, X = np.meshgrid(y, x)
    P = np.zeros_like(X)                       #返回与给定数组相同的形状和类型的零数组
    for i, xi in enumerate(x):                 #双重循环处理
        for j, yj in enumerate(y):
            P[i, j] = clf.decision_function([xi, yj])   #计算样本点到分割超平面的函数
距离
    # plot the margins
    ax.contour(X, Y, P, colors='k',            #三维等高线图
               levels=[-1, 0, 1], alpha=0.5,
               linestyles=['--', '-', '--'])
plt.scatter(X[:, 0], X[:, 1], c=y, s=50, cmap='spring')    #绘制散点图
```

```
#调用自定义的 plot_svc_decision_function 函数绘制决策结果
plot_svc_decision_function(clf)
plt.scatter(clf.support_vectors_[:, 0], clf.support_vectors_[:, 1],  #绘制散点图
        s=200, facecolors='none');        #使用 SVM 属性 support_vectors_标示"支
持向量"
```

程序运行结果如图 5.16 所示。

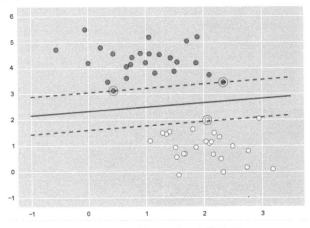

图 5.16　绘制超平面和支持向量

5.5　实例：人脸识别分类

本节将介绍本章开头提到的支付宝刷脸支付、火车站刷脸进站的人脸识别是如何实现的。人脸识别的流程如图 5.17 所示，其核心就是用主成分分析（PCA）对人脸数据集进行降维，得到数个人脸特征向量。对于任意一个人脸样本，将样本数据向特征向量投影得到的投影系数作为人脸的特征表示。使用支持向量机（SVM）对这些不同的投影系数向量分类，来进行人脸识别。

注意本节的人脸识别程序需要用到 Opencv 图像识别库，需要到 Python 扩展包网站 https://www.lfd.uci.edu/~gohlke/pythonlibs/下载相应的版本，然后安装后才能运行。本例使用了英国剑桥大学的 AT&T 人脸数据（可以从 https://www.cl.cam.ac.uk/research/dtg/attarchive /facedatabase.html 下载），该数据集大小不到 5MB，有 40 类样本，每类中包含同一个人的 10 张图像（112×92）。

首先是读入数据集，将每一幅图像拉成一列组成数据集合，并保存每一列数据对应的人脸标号，以及原图的高度和宽度，为了处理后还原显示。读入人脸图像使用了 Opencv 的 imread() 函数，并将数据转换为 NumPy 的 Array 便于操作；然后是 PCA 主成分分析，重点是选取保留主成分的个数，不同个数特征向量的检测性能不同。程序实现流程如图 5.18 所示，具体实现如下所示。

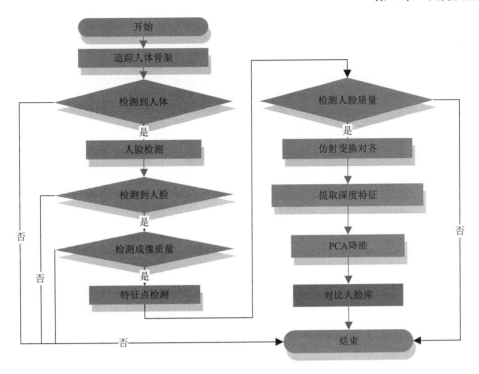

图 5.17　人脸识别流程

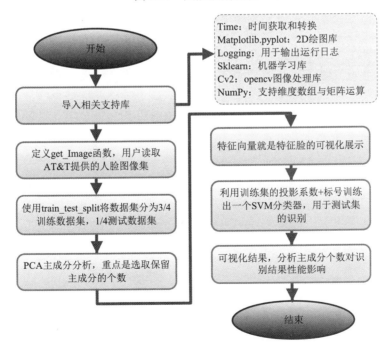

图 5.18　人脸识别程序实现流程

```
#程序 5-3 人脸识别程序  名称：facerecognizition.py
#导入相关支持库
from time import time
import logging
import matplotlib.pyplot as plt
import cv2
#从 Sklearn 导入相关模型和 SVM 算法
from Numpy import *
from sklearn.model_selection import train_test_split
from sklearn.model_selection import GridSearchCV
from sklearn.metrics import classification_report
from sklearn.metrics import confusion_matrix
from sklearn.decomposition import PCA
from sklearn.svm import SVC
# PICTURE_PATH 为图像存放目录位置，注意读者需要修改为自己计算机中存放图片的目录
PICTURE_PATH = "C:\\Pythonmachine\\att_faces\\"
def get_Image():              #读取图像程序
    for i in range(1,41):     #循环读取所有图像文件
        for j in range(1,11):
            path = PICTURE_PATH + "\\s" + str(i) + "\\"+ str(j) + ".pgm"      #路径
            img = cv2.imread(path)                    #使用 imread 函数读取图像
#生活中大多数看到的彩色图像都是 RGB 模式，但是图像处理时，需要用到灰度图、二值图、HSV、HSI 等
  颜色制式，Opencv 的 cvtColor() 函数来实现这些功能
            img_gray = cv2.cvtColor(img, cv2.COLOR_BGR2GRAY)
            h,w = img_gray.shape               #图像的尺寸信息赋值给变量 h 和 w
            img_col = img_gray.reshape(h*w)    #使用 reshape() 函数对图像进行处理
            all_data_set.append(img_col)       #将图像添加到数据集 all_data_set 中
            all_data_label.append(i)           #确定图像对应的标签值
    return h,w
all_data_set = []                     #变量 all_data_set 初始化为空
all_data_label = []                   #变量 all_data_label 初始化为空
h,w = get_Image()                     #调用定义的 get_Image() 函数获取图像
X =array(all_data_set)                #使用 all_data_set 作为参数定义数组赋值给变量 X
y = array(all_data_label)             #使用 all_data_ label 作为参数定义数组赋值给变量 y
n_samples,n_features = X.shape        #X 数组中的图像信息赋值给变量 n_samples,n_features
n_classes = len(unique(y))            #得到变量 y 的长度赋值给 n_classes
target_names = []                     #变量 target_names 初始化为空
for i in range(1,41):                 #循环读取
    names = "person" + str(i)         #定义变量 names，并赋值
    target_names.append(names)        #变量 target_names 不断添加信息的 names
```

```
#打印输出：数据集总规模, n_samples 和 n_features
print("Total dataset size:")
print("n_samples: %d" % n_samples)
print("n_features: %d" % n_features)
```

#划分数据集, 一部分用于训练集, 另一部分用于测试集, 这里使用 3/4 的数据用于训练, 1/4 的数据用于测试

```
X_train, X_test, y_train, y_test = train_test_split(
    X, y, test_size=0.25, random_state=42)
n_components = 20
```

#打印输出信息

```
print("Extracting the top %d eigenfaces from %d faces"
      % (n_components, X_train.shape[0]))
t0 = time()
pca = PCA(n_components=n_components, svd_solver='randomized',  #选择一种 svd
方式
          whiten=True).fit(X_train)    #whiten 是一种数据预处理方式, 会损失一些数据
                                        信息, 但可获得更好的预测结果
print("done in %0.3fs" % (time() - t0))
eigenfaces = pca.components_.reshape((n_components, h, w))        #特征脸
print("Projecting the input data on the eigenfaces orthonormal basis")
t0 = time()
X_train_pca = pca.transform(X_train)       #得到训练集的投影系数
X_test_pca = pca.transform(X_test)         #得到测试集的投影系数
print("done in %0.3fs" % (time() - t0))    #打印时间
```

程序运行结果如图 5.19 所示。

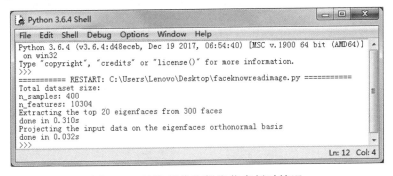

图 5.19　读取图像和提取信息耗时情况

这 20 个特征向量就是特征脸, 可以显示出来一部分人脸, 查看识别的情况, 特征脸可视化结果如图 5.20 所示, 程序代码如下。

#程序 5-4 人脸图像处理和展示 名称: facerecognizitiongallery.py

```
#定义 plot_gallery 函数
#函数参数为: images, titles, h, w, n_row, n_col
def plot_gallery(images, titles, h, w, n_row=3, n_col=4):
    """Helper function to plot a gallery of portraits"""
    plt.figure(figsize=(1.8 * n_col, 2.4 * n_row)) #创建自定义图像
    plt.subplots_adjust(bottom=0, left=.01, right=.99, top=.90, hspace=.35)
    #对子图之间的间距进行设置
    for i in range(n_row * n_col):                     #循环处理多个图像
        plt.subplot(n_row, n_col, i + 1)               #绘制子图
        plt.imshow(images[i].reshape((h, w)), cmap=plt.cm.gray)  #绘制图像
        plt.title(titles[i], size=12)                  #设置图像的标题
        plt.xticks(())                                 #设置 X 轴文本
        plt.yticks(())                                 #设置 Y 轴文本
eigenface_titles = ["eigenface %d" % i for i in range(eigenfaces.shape[0])]
    #定义特征脸标题
plot_gallery(eigenfaces, eigenface_titles, h, w)  #调用 plot_gallery 函数绘制特征脸
plt.show()                                         #显示图像
```

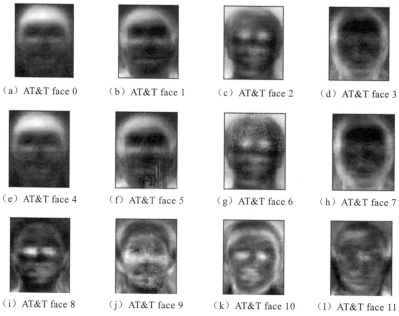

（a）AT&T face 0　　（b）AT&T face 1　　（c）AT&T face 2　　（d）AT&T face 3

（e）AT&T face 4　　（f）AT&T face 5　　（g）AT&T face 6　　（h）AT&T face 7

（i）AT&T face 8　　（j）AT&T face 9　　（k）AT&T face 10　　（l）AT&T face 11

图 5.20　特征脸的展示

　　得到了特征脸，并且在得到了训练集和测试集在特征向量的投影系数后，就可以使用 SVM 进行面部识别了。这里 SVM 非线性划分使用的是最常用的高斯核函数，最后就是用训练好的

SVM 分类器去做脸部识别，并将测试结果显示出来，程序代码如下所示。

```python
#程序 5-5 用训练好的 SVM 分类器去做脸部识别，并显示测试结果 名称: facerecongizitionSVMMnew.py
print("Fitting the classifier to the training set")          #打印信息
t0 = time()                                                   #设置变量 t0
#使用 param_grid 将参数设置成不同的值，C 表示权重；gamma 表示多少的特征点将被使用。由于
不知道选择多少特征点最好，所以选择不同的组合
param_grid = {'C': [1e3, 5e3, 1e4, 5e4, 1e5],
              'gamma': [0.0001, 0.0005, 0.001, 0.005, 0.01, 0.1], }
#把所有所列参数的组合都放在 SVC 里计算，对比哪一组函数的表现最好
clf = GridSearchCV(SVC(kernel='rbf', class_weight='balanced'), param_grid)
#class_weight='balanced'表示调整各类别权重，权重与该类中样本数成反比，防止模型过于拟
合某个样本数量过大的类
clf = clf.fit(X_train_pca, y_train)                           #进行拟合处理
#以下打印输出相关信息
print("done in %0.3fs" % (time() - t0))
print("Best estimator found by grid search:")
print(clf.best_estimator_)
#测试集预测准确率
print("Predicting people's names on the test set")            #打印信息
t0 = time()
y_pred = clf.predict(X_test_pca)                              #预测准确率
#以下打印输出相关信息
print("done in %0.3fs" % (time() - t0))
print(classification_report(y_test, y_pred, target_names=target_names))
print(confusion_matrix(y_test, y_pred, labels=range(n_classes)))
#定义 title 函数，参数为 y_pred, y_test, target_names, i
def title(y_pred, y_test, target_names, i):
    pred_name = target_names[y_pred[i]-1]                     #预测姓名
    true_name = target_names[y_test[i]-1]                     #真实姓名
    return 'predicted: %s\ntrue:      %s' % (pred_name, true_name)  #返回数据
prediction_titles = [title(y_pred, y_test, target_names, i)   #调用 title 函数，循
环处理
                     for i in range(y_pred.shape[0])]
#把数据可视化的可以看到，打印需要的图像
plot_gallery(X_test, prediction_titles, h, w)
```

运行后，人脸识别出来的结果如图 5.21 所示。

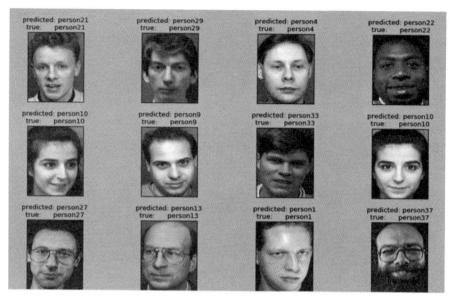

图 5.21　识别出来的人脸

第 6 章　增强学习 AdaBoost

在第 1 章中我们知道了机器学习主要包括监督学习、无监督学习、半监督学习和增强学习等类型，本章将学习增强学习的相关内容，包括增强学习 AdaBoost 的应用场景、与增强学习 AdaBoost 有关的集成算法、Boosting 算法，以及 AdaBoost 算法的流程和原理，最后使用 Python 实现增强学习 AdaBoost 的分类实例。

6.1　增强学习 AdaBoost 应用场景

增强学习和我们平常主要接触的监督和无监督学习不太一样。增强学习可以应用在怎样的场景呢？我们可以看一下生活中的例子，某个人得了肠道恶性肿瘤并涉及全身转移病灶，先去看消化内科医生，根据肠镜等仪器检测，消化内科医生有了初步诊断结果，与以往肠道肿瘤患者不同，该病人觉得心脏、全身关节、肺部和头部都不舒服，为了更好地作出诊断，医院组织了消化内科医生、呼吸内科医生、心脑血管医生、骨科医生进行联合会诊得出结论。综合各科医学专家的联合判断，就要比单独一个消化内科专家诊断得更准确，如图 6.1 所示。

我们可以假设每个医生的诊断对应的是一个"弱化学习"，而多个"弱化学习"组合提升或者说是强化得到一个"强化学习"的诊断结果，这个过程就比较适合采用增强学习 AdaBoost 进行实现。

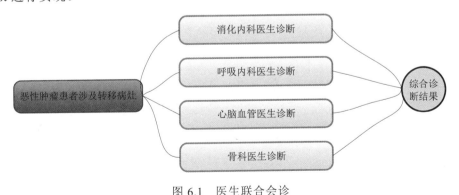

图 6.1　医生联合会诊

6.2 集 成 方 法

集成方法（Ensemble Method）通过组合多个基分类器（Base Classified）来完成学习任务。基分类器一般采用的是弱可学习分类器，通过集成方法，可以组合成一个强可学习分类器。集成方法可以分为 Bagging（Bootstrap Aggregating）和 Boosting 算法，如图 6.2 所示。Boosting 算法是一种把若干个分类器整合为一个分类器的方法，在 Boosting 算法产生之前，还出现过一种比较重要的将多个分类器整合为一个分类器的方法，那就是 Bagging 算法。

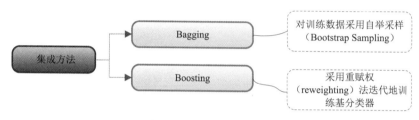

图 6.2　集成方法分类

Bagging 算法从原始样本集中抽取训练集。每轮从原始样本集中使用 Bootstraping 算法抽取 n 个训练样本，如图 6.3 所示，每次使用一个训练得到一个模型，k 个训练集共得到 k 个模型。对于分类问题，将得到的 k 个模型采用投票的方式得到分类结果。Bootstraping 算法的原理如图 6.4 所示。重复地在一个样本集合中采集 n 个样本，针对每个子样本集进行统计学习，获得假设 H_i 将若干个假设进行组合，形成最终的假调 H_{final}，并用于具体的分类任务。

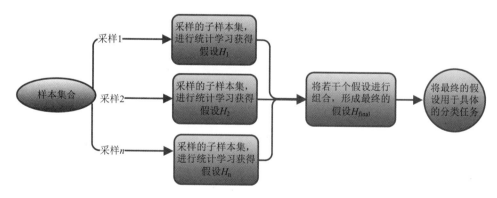

图 6.3　Bootstraping 原理

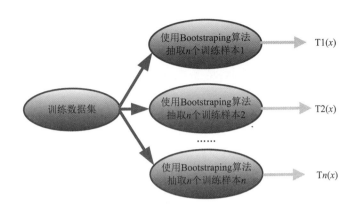

图 6.4 Bagging 算法原理

6.3 Boosting 算法

Boosting 是一种框架算法,拥有如 AdaBoost、GradientBoosting、LogitBoost 等系列算法,这些算法的主要区别在于其三要素选取的函数不同。Boosting 的实现过程如图 6.5 所示。由图可见训练过程为阶梯状,弱分类器按次序训练,为了提高效率在实际使用中通常并行操作,弱分类器的训练数据集按照某种策略每次都进行一定的转化,最后将弱分类器组合成一个强分类器,对测试数据集进行分类。

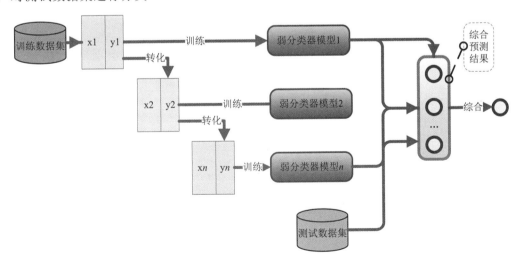

图 6.5 Boosting 实现过程

6.4 AdaBoost 算法

早期的 Boosting 算法要求事先知道弱学习算法的分类正确的下限，并不能做到自适应，这个问题使得算法的应用受到很大局限。而 AdaBoost 算法可以有效解决早期 Boosting 算法的缺陷。

自适应增强（Adaptive Boosting，AdaBoost）是一种迭代算法，其核心思想和 Boosting 算法类似，是针对同一个训练集训练不同的弱分类器，然后将这些弱分类器组合成一个强分类器来完成分类的过程。

6.4.1 单层决策树方式的弱分类器

AdaBoost 通常使用的弱分类器是单层决策树，其处理过程如图 6.6 所示。单层决策树其实就是决策树的简化版本，只有一个决策点。如果训练数据有多维特征，单层决策树也只能选择其中一维特征来作决策，另外还需要考虑决策阈值的取值。

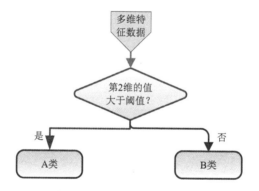

图 6.6 弱分类器处理过程

6.4.2 AdaBoost 分类器的权重

AdaBoost 算法中包括数据的权重和弱分类器的权重。数据的权重用于弱分类器寻找决策点，使得其分类误差最小，找到决策点后用最小误差计算出该弱分类器的权重（发言权），弱分类器权重越大说明该弱分类器在最终决策时拥有更大的发言权。数据权重的影响对分类结果的影响示例如图 6.7 所示。

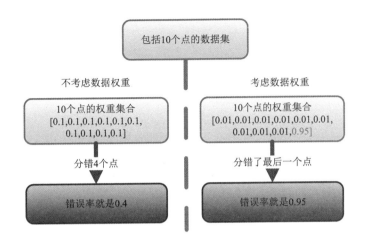

图 6.7 数据权重的影响示例

对于一个共有 10 个点的数据集，在不考虑各点的权重时，对应每个点的权重都是 0.1，如果分错了 4 个数据点，错误率是 0.4。如果考虑每个点权重的不同，根据重要性给出数据权重，对于数据权重为 0.01 的点，如果分错了一个点，那么错误率是 0.01；但是如果分错了最后一个数据权重为 0.95 的点，那么错误率就是 0.95。可见在选择决策点时要尽量将权重大的点分正确，这样才能降低误差率。

AdaBoost 算法的每个弱分类器都有自己最关注的点，每个弱分类器都只关注数据集中的一部分，多个弱分类器组合在一起才更有效。所以在最终投票表决分类结果时，需要根据弱分类器的权重来进行加权投票，权重大小一般是依据弱分类器的分类错误率计算得到的，也就是说弱分类器的错误率越低，其权重就越高。

6.4.3 AdaBoost 算法流程

AdaBoost 算法流程如图 6.8 所示。从图中可以看出，AdaBoost 的自适应在于引入权值的处理方式。前一个基本分类器被错误分类的样本权值会增大，而正确分类的样本权值会减小，并再次用于训练下一个基本分类器。同时，在每一轮迭代中加入一个新的弱分类器，直到达到某个预定的足够小的错误率或达到预先指定的最大迭代次数才确定最终的强分类器。对于准确率较高的弱分类器，加大其权重；对于准确率较低的弱分类器，减小其权重。

第 i 轮迭代所要完成的工作如图 6.9 所示。需要注意设置一个阈值（如 LimitErrorValue=3%），如果最终分类错误率低于 LimitErrorValue，那么该步迭代结束；如果最终错误率高于设定的值 LimitErrorValue，那么更新数据权重得到 $W(i+1)$，再次进行计算，直到满足分级类错误率低于设定的值 LimitErrorValue。

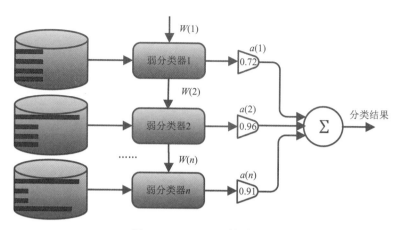

图 6.8   AdaBoost 算法流程

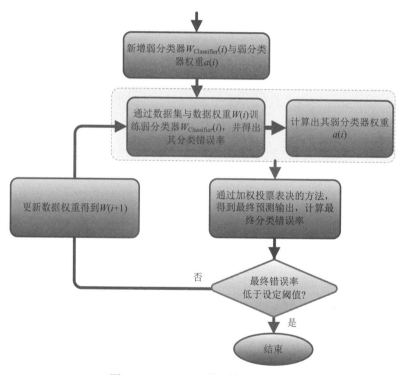

图 6.9   AdaBoost 第 i 轮迭代过程

图 6.10 的示例说明了 AdaBoost 加权表决的过程。图例中 3 次迭代后得到 3 个决策点 6、12 和 18。假设最终分类结果为+1 和-1 两个类别。最左边的决策点是小于 6 的分为+1 类，大于 6 的分为-1 类，且分类器的权重为 0.5；中间的决策点是大于 12 的分为+1 类，小于 12 的分为-1 类，权重为 0.3；最右边的决策点是小于 18 的分为+1 类，大于 18 的分为-1 类，权重

为 0.4。对于最左边的弱分类器，它的投票表示，小于 6 的为 0.5，大于 6 的为-0.5；同理，对于中间的分类器，它的投票表示大于 12 的为 0.3，小于 12 的为-0.3；最右边的投票结果为小于 18 的为 0.4，大于 18 的为-0.4。注意最后的符号函数转化，如果求和值为正值经过符号函数转化就是+1 类，求和值是负值经过符号函数转化就是-1 类。

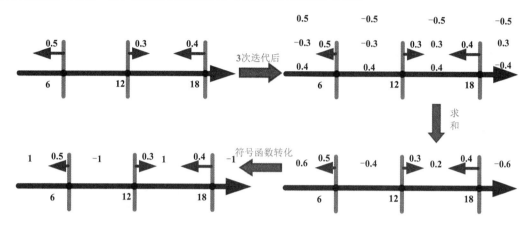

图 6.10　AdaBoost 加权表决的过程示例

6.5　AdaBoost 的优缺点

AdaBoost 是一种精度很高的分类器，可以使用各种方法构建子分类器。AdaBoost 算法提供的是框架，当使用简单分类器时，计算出的结果容易理解。而且弱分类器构造极其简单，不用担心过度拟合，但是容易受到噪声干扰，这也是大部分算法的缺点；训练时间过长以及执行效果依赖于弱分类器的选择。

6.6　AdaBoost 算法实现数字简单分类

训练数据样本如表 6.1 所示。现使用 AdaBoost 实现一个强分类器，对表中的数字样本数据实现简单分类。程序处理流程如图 6.11 所示。

表 6.1　训练数据集

序号	1	2	3	4	5	6	7	8	9	10
X	0	1	2	3	4	5	6	7	8	9
Y	1	1	1	-1	-1	-1	1	1	1	-1

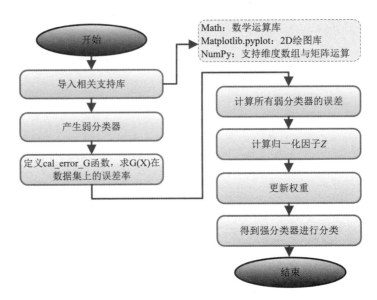

图 6.11　Python 实现 AdaBoost 算法的流程

程序代码如下所示。

```
#程序 6-1 AdaBoost 实现数字简单分类 名称：6.1adaboostdigit.py
import math
import numpy as np
import matplotlib.pyplot as plt
#产生弱分类器
def generate_G1(x):                          #定义分类器 G1
    if x<2.5:                                #判断条件
        return 1
    if x>2.5:
        return -1
def generate_G2(x):                          #定义分类器 G2
    if x<8.5:
        return 1
    if x>8.5:
        return -1
def generate_G3(x):                          #定义分类器 G3
    if x<5.5:
        return -1
    if x>5.5:
        return 1
```

```
#求 G(X)在数据集上的误差率
def cal_error_G(X,Y,week_G,w_list):
    error_G=sum([w_list[i] for i in range(len(X)) if Y[i] != week_G(X[i])])
    #返回误差率
    return error_G
#计算所有弱分类器的误差，选择误差最小的弱分类器的下标和最小误差的值
def select_min_G(X,Y,week_G_list,w_list):
    error_list=[cal_error_G(X,Y,week_G,w_list) for week_G in week_G_list]
    #循环得到误差集
    min_value=min(error_list)                              #得到最小误差
    return error_list.index(min_value),min_value          #返回误差集和最小误差
#计算归一化因子 Z
def cal_Z(X,Y,G_values,w_list,alpha):    #定义计算值 Z 值函数，输入参数为
X,Y,G_values,w_list,alpha
    #计算 Z
    Z=sum([w_list[i]*math.exp(-alpha*Y[i]*G_values[i]) for i in range(len(X))])
    #循环求和
    return Z                                              #返回 Z
#更新权重
def update_w(X,Y,week_G,w_list,alpha):
    #先计算出 G(x)具体的值
    G_values=list(map(week_G,X))
    #计算归一化参数
    Z=cal_Z(X,Y,G_values,w_list,alpha)
    for i in range(len(X)):                               #循环处理
        w_list[i]=w_list[i]*math.exp(-alpha*Y[i]*G_values[i])  #根据公式更新权重值
        w_list[i]/=Z                                      #即 w_list[i]=w_list[i]/Z
    return                                                #返回计算结果
#计算预测值
def predict_values(X,week_G_list,alpha_list,select_G_list):
    #已经计算完成的 alpha 个数
    n=len(alpha_list)
    #按计算出来的顺序，形成一个装有函数的 list
    my_week_G=[week_G_list[i] for i in select_G_list]     #循环处理
    #定义 G_X_list，是一个 3 行 10 列的数组，每一行是 Gi(X)的结果
    G_X_list=[]
    for i in range(n):                                    #循环处理
        G_X_list.append(list(map(my_week_G[i],X)))  #将值添加到 G_X_list 数组尾部
    #print(G_X_list)
```

```
    #print(alpha_list)
    G_X_array=np.array(G_X_list)  #使用 np.array 函数的 G_X_list 作为参数，创建一维
数组
    alpha_array=np.array(alpha_list)
    #需要 alpha1*G_X_array 矩阵的第一行，alpha2*G_X_array 矩阵的第二行…
    #通过 tile 拼接并转置后，得到 3 行 10 列的矩阵，第一行均为 alpha1，第二行为 alpha2…
    tmp=np.tile(alpha_array,(len(X),1)).T
    #对应位置元素乘*G_X_array
    result_array=tmp*G_X_array
    #print(result_array)
    #按列求和，再通过 sign 得到预测值
    predict_list=np.sum(result_array,axis=0)
    #print(predict_list)
    sign = lambda x: 1 if x > 0 else -1 if x < 0 else 0 #sign 根据条件确定值
    final_list=list(map(sign,list(predict_list)))        #得到 final_list
    #print(predict_list)
    return predict_list,final_list                #返回 predict_list 和 final_list
#计算 alpha 的值
def cal_alpha(error_value):
    return 0.5*math.log((1-error_value)/error_value)
#初始化数据 X 为 0~9
X=range(10)
Y=[1,1,1,-1,-1,-1,1,1,1,-1]
#点的数量为 10
N=len(X)
#初始权重均为 0.1
w_list=[0.1]*10
#保存三个弱分类器的 list
week_G_list=[generate_G1,generate_G2,generate_G3]
#保存选择的弱分类器顺序的 list
select_G_list=[]
#保存 alpha 的 list
alpha_list=[]
#保存预测的最后结果
final_list=[]
#若预测值与实际值不同，则一直进行
while final_list!=Y:
    #下面开始计算 f1(x)
    min_G_index,min_error=select_min_G(X,Y,week_G_list,w_list)
```

```
#保存
select_G_list.append(min_G_index)
selected_G=week_G_list[min_G_index]
print('选择的分类器为:G%d,最小误差:%f' %(min_G_index+1,min_error))
#计算 alpha
alpha=cal_alpha(min_error)
#保存 alpha
alpha_list.append(alpha)
print('alpha value:%f'%alpha)
#更新权重分布
update_w(X,Y,selected_G,w_list,alpha)
#打印相关信息
print('new weight:')
print(w_list)
#计算最新模型的预测值
predict_list,final_list=predict_values(X,week_G_list,alpha_list,
select_G_list)

#print(final_list)
#print(final_list==Y)
#绘制散点图
plt.scatter(X, [0.0]*10, c=Y)
#坐标轴的范围
plt.xlim((-1,10))
plt.ylim((-1, 1))
#绘制函数图像
axis_x=np.linspace(0,12,100)
#获取函数值，存在 axis_y 中
axis_y,my_final_list=predict_values(axis_x,week_G_list,alpha_list,
select_G_list)
plt.plot(axis_x,axis_y)
plt.show()
```

　　程序的运行结果如图 6.12 所示。

　　三次分类结果如图 6.13～图 6.15 所示，可见，第一次分错了 3 个点，第二次也分错了 3 个点，第三次实现了正确分类。

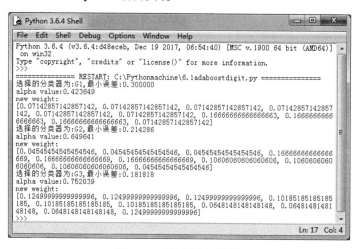

图 6.12　程序运行结果

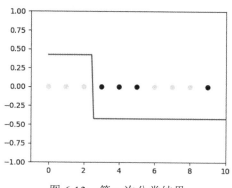

图 6.13　第一次分类结果

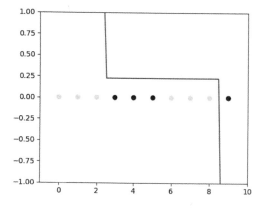

图 6.14　第二次分类结果

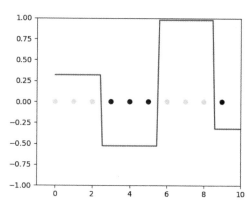

图 6.15　第三次分类结果

第 7 章 决策树算法

决策树（Decision Tree）是机器学习领域比较常见的一类算法，属于监督学习，包括 ID3、C4.5 和 CART 等算法。本章首先分析决策树的应用场景，然后介绍决策树算法的分类，决策树剪枝处理的作用，Scikit-Learn 算法库对决策树的支持，ID3、C4.5 和 CART 等算法流程原理以及它们的应用对比和实例，最后给出一个使用 Python 实现决策树的综合实例。

7.1 决策树应用场景

生活中我们经常会遇到需要决策的情况，例如当你觉得口渴时，有茶水、矿泉水、果汁、冰激凌等可以选择，你决定购买一瓶矿泉水，既便宜，又健康，这就是你决策的结果；中午在公司点外卖，有米饭套餐、面条和西餐供你选择，你也需要决策吃什么。这些是比较简单的生活中的应用，决策对错不会有什么大的影响，但是针对特别的情况，如涉及选择结婚对象、股票交易或者工作机会时，可就要慎重了，因为会涉及较大的利益得失。

再比如银行给客户贷款需要进行决策。要判断一个客户的贷款意向，可以先根据客户的职业进行判断，如果不能得出结论，再根据年龄进行判断，以此类推，直到可以得出结论，如图 7.1 所示。

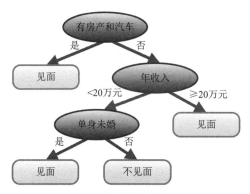

图 7.1 银行贷款意向分析决策树

7.2 决策树算法概述

决策树是一种具有树形结构的决策方法，其中每个叶子节点表示一个属性的测试，决策出一种类别，每个树权的分支代表一个测试输出。决策树仅有单一输出，若有多个输出，可以建立独立的决策树，以处理不同输出。决策树的经典算法包括 ID3、C4.5、CART，它们各自的应用场景及准则如图 7.2 所示。

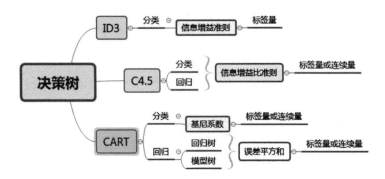

图 7.2　决策树算法的分类

根据分割标准的不同，有基于信息论（Information Theory）方法和基于最小 GINI 指数（Lowest GINI Index）方法。对应前者的方法有 ID3、C4.5，对应后者的方法有 CART。决策树的 ID3、C4.5、CART 算法对比见表 7.1。

表 7.1　决策树的 ID3、C4.5、CART 算法对比

算法名称	支持模型	树结构	特征选择	连续值处理	缺失值处理	剪枝
ID3	分类	多叉树	信息增益	不支持	不支持	不支持
C4.5	分类	多叉树	信息增益比	支持	支持	支持
CART	分类、回归	二叉树	基尼系数、误差平方和	支持	支持	支持

和支持向量机（SVM）或神经网络等机器学习算法相比，决策树的优点比较明显，主要包括：易于理解和实现；数据的准备简单，在较短的时间内能够对大数据作出效果良好的分析结果；易于通过静态测试对模型进行评测，可以测定模型可信度；给定一个观察的模型，容易推出逻辑表达式等优点。它的缺点主要是：连续性的字段比较难预测；有时间顺序的数据，预处理工作量大；类别太多时，错误增加比较快；只是根据一个字段进行分类等。

7.3　决策树剪枝处理

剪枝是决策树算法中为了防止过拟合而采用的一种手段，具体操作过程是从已生成的树中剪掉一些不合适的子树或者叶子节点，并将根节点或者父节点作为新的叶子节点，从而简化分类树模型。剪枝一般通过求解决策树的整体损失函数或者代价函数的极小化实现，如图 7.3 所示。

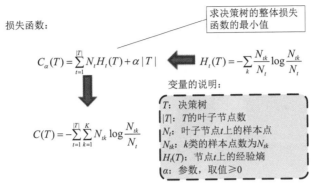

图 7.3　决策树剪枝处理方法

7.4　Scikit-Learn 决策树算法库

Scikit-Learn 决策树算法库既可以做分类，又可以做回归，支持 ID3、C4.5 和 CART 树等算法。分类决策树的类对应的是 DecisionTreeClassifier，而回归决策树的类对应的是 DecisionTreeRegressor。两个类的参数定义几乎一样，但是意义不同。

图 7.4 给出了它们的主要参数含义及取值，更多的参数及取值含义请参考 Scikit-Learn 的官方在线帮助文档（http://scikit-learn.org/stable/modules/generated/sklearn.tree.DecisionTree Classifier.html）。

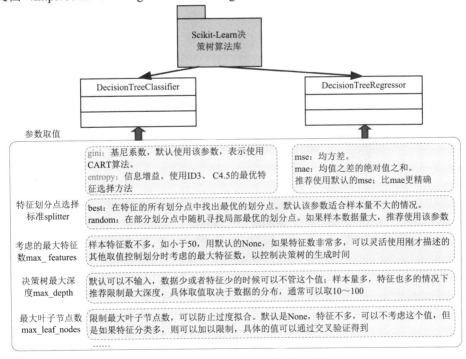

图 7.4　Scikit-Learn 决策树算法参数取值

7.5 ID3 算法

7.5.1 ID3 算法原理

ID3 算法是一种基于信息增益属性选择的决策树学习方法，通过计算所有的属性，选择信息增益最大的属性分裂产生决策树节点，基于该属性的不同属性值建立各分支，再对各分支的子集递归调用该方法建立子节点的分支，直到所有子集仅包括同一类别或没有可分裂的属性为止。由此得到一棵决策树，用来对新样本数据进行分类。

ID3 算法以信息熵的下降速度为选取测试属性的标准，即在每个节点选取还尚未被用来划分的具有最高信息增益的属性作为划分标准，然后继续这个过程，直到生成的决策树能完美分类训练样例。ID3 算法的决策流程如图 7.5 所示。

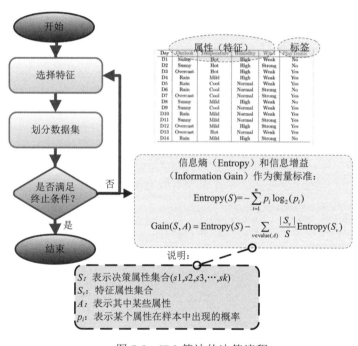

图 7.5 ID3 算法的决策流程

ID3 算法首先需要解决的是如何选择特征作为划分数据集的标准。该算法选择信息增益最大的属性作为当前的特征对数据集分类，选择信息增益最大的属性作为当前的分类属性。

下面看一个例子，该数据集是根据天气条件决定是否适合打网球。

该数据集包括 14 条数据，其中前 4 个 Outlook、Temperature、Humidity 和 Wind 称作条件

属性，最后一个 PlayTennis 称作决策属性，数据集情况如图 7.6 所示。使用 ID3 算法根据天气条件决定是否适合打网球的决策过程如图 7.7 所示。

原始数据集

Day	Outlook	Temperature	Humidity	Wind	PlayTennis
D1	Sunny	Hot	High	Weak	No
D2	Sunny	Hot	High	Strong	No
D3	Overcast	Hot	High	Weak	Yes
D4	Rain	Mild	High	Weak	Yes
D5	Rain	Cool	Normal	Weak	Yes
D6	Rain	Cool	Normal	Strong	No
D7	Overcast	Cool	Normal	Strong	Yes
D8	Sunny	Mild	High	Weak	No
D9	Sunny	Cool	Normal	Weak	Yes
D10	Rain	Mild	Normal	Weak	Yes
D11	Sunny	Mild	Normal	Strong	Yes
D12	Overcast	Mild	High	Strong	Yes
D13	Overcast	Hot	Normal	Weak	Yes
D14	Rain	Mild	High	Strong	No

总结特征

每个属性都有各自的值：

Value(**Outlook**)={Sunny,OverCast,Rain}

Value(**Temperature**)={Hot,Mild,Cool}

Value(**Humidity**)={High,Normal}

Value(**Wind**)={Strong,Weak}

Value(**PlayTennis**)={NO,Yes}

图 7.6　数据集情况

决策过程：

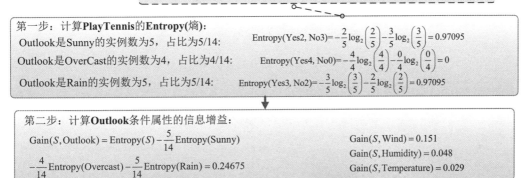

说明：以Outlook条件属性为例，其他的属性类似，Value(Outlook)={Sunny,OverCast,Rain}；Outlook是Sunny的实例数为5（其中Yes的个数为2，No的个数为3），占比为5/14，那么针对Sunny的Entropy

第一步：计算 **PlayTennis** 的 **Entropy**(熵)：

Outlook是Sunny的实例数为5，占比为5/14：　　$Entropy(Yes2, No3) = -\frac{2}{5}\log_2\left(\frac{2}{5}\right) - \frac{3}{5}\log_2\left(\frac{3}{5}\right) = 0.97095$

Outlook是OverCast的实例数为4，占比为4/14：　　$Entropy(Yes4, No0) = -\frac{4}{4}\log_2\left(\frac{4}{4}\right) - \frac{0}{4}\log_2\left(\frac{0}{4}\right) = 0$

Outlook是Rain的实例数为5，占比为5/14：　　$Entropy(Yes3, No2) = -\frac{3}{5}\log_2\left(\frac{3}{5}\right) - \frac{2}{5}\log_2\left(\frac{2}{5}\right) = 0.97095$

第二步：计算 **Outlook** 条件属性的信息增益：

$Gain(S, Outlook) = Entropy(S) - \frac{5}{14}Entropy(Sunny)$

$-\frac{4}{14}Entropy(Overcast) - \frac{5}{14}Entropy(Rain) = 0.24675$

$Gain(S, Wind) = 0.151$

$Gain(S, Humidity) = 0.048$

$Gain(S, Temperature) = 0.029$

第三步：根据信息增益确定根节点：

Outlook的信息增益最大，所以确定其为根节点，Outlook下面出来3个树枝，最左边的为Sunny，从Outlook是Sunny的实例数据中找到信息增益最大的那个，以此类推。

图 7.7　根据天气条件决定是否适合打网球的决策过程

7.5.2　ID3 算法的优缺点

　　ID3 算法的优点是构建决策树的速度快，算法简单，生成的规则容易理解，但是也有一些缺点，包括在属性选择时，倾向选择拥有多个属性值的属性作为分裂属性，而这些属性不一定是最佳的；没有修剪的过程，所以无法对生成的决策树优化，算法生成的决策树会出现过度拟合的情况；不能处理属性值连续的属性。

7.5.3　使用 Scikit-Learn 库的 ID3 算法建立销售预测决策树

和前面的例子类似，本节使用 Python 和 Scikit-Learn 建立 ID3 算法，该实例主要根据天气、是否周末、是否促销等属性决策判断产品是否有好的销量。ID3 算法生成的可视化决策树如图 7.8 所示。该数据集包括天气、是否周末、是否促销等属性，一共有 34 条记录，保存为.xlsx 格式的 Excel 文件。

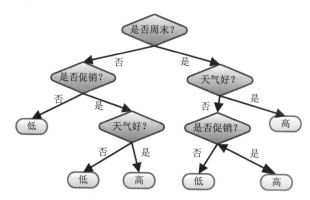

图 7.8　ID3 算法生成的可视化决策树

ID3 算法应用程序实现流程如图 7.9 所示，程序代码如下。

```
#程序代码 7-1　ID3 算法实现销售决策　名称：7.1ID3Sale.py
#-*- coding: utf-8 -*-
import pandas as pd
inputfile = 'C:\Pythonmachine\decisiontreedata\data.xlsx'    #数据文件路径
data = pd.read_excel(inputfile, index_col = u'序号')          #导入数据
#数据文件是 Excel 表格，需要将标签变为数据
#用 1 表示好、是、高，用-1 表示坏、否、低
data[data == u'好'] = 1
data[data == u'是'] = 1
data[data == u'高'] = 1
data[data != 1] = -1
x = data.iloc[:,:3].as_matrix().astype(int)
y = data.iloc[:,3].as_matrix().astype(int)
from sklearn.tree import DecisionTreeClassifier as DTC
dtc = DTC(criterion='entropy')                              #建立决策树模型，基于信息熵
dtc.fit(x, y)                                               #训练模型
```

```
#导入相关函数，可视化决策树
from sklearn.tree import export_graphviz
x = pd.DataFrame(x)                          #构建一个表格型的数据结构
with open("ID3tree.dot", 'w') as f:          #打开构建的树模型
 f = export_graphviz(dtc, feature_names = x.columns, out_file = f)
 #可视化构建的树模型
```

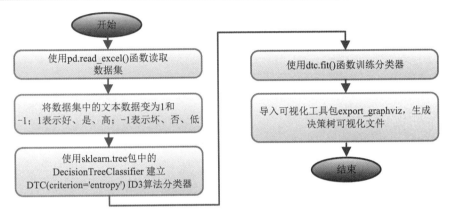

图 7.9　ID3 算法应用程序实现流程

程序运行后，在目录下生成一个扩展名为 ID3tree.dot 的文件，该文件是一个决策树决策过程可视化的文件，需要安装 Windows 版本的 Graphviz 软件查看，在该软件中也可将决策树文件转为 PDF 或其他图片格式。ID3 算法生成的可视化决策树如图 7.10 所示。

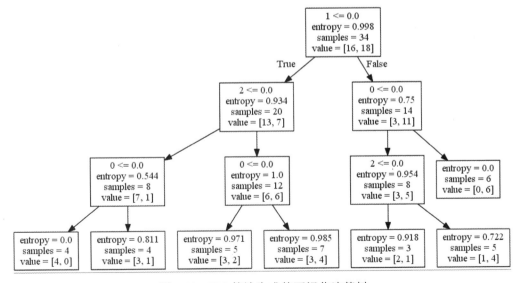

图 7.10　ID3 算法生成的可视化决策树

7.6 C4.5 算法

7.6.1 C4.5 算法原理

C4.5 算法是基于 ID3 算法的改进，与 ID3 算法最大的区别是在特征选择上有所不同，ID3 算法基于信息增益选择，而 C4.5 基于信息增益比选择，如图 7.11 所示。原因在于信息增益倾向于选择取值比较多的特征，因此使用信息增益比显得更合理，此处还包括为了避免过度拟合的剪枝处理，也可以处理非离散数据，对不完整数据进行处理等优势。

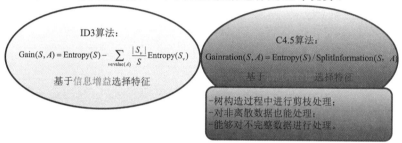

图 7.11 ID3 算法和 C4.5 算法选择特征的对比

信息增益比使用信息增益 Gain(S, A)和分裂信息度量 SplitInformation(S, A)共同定义。使用信息增益比使得 C4.5 算法消除了 ID3 算法选择取值较多的特征问题，特征取值越多，该特征的熵越大，分裂信息度量越大，所以信息增益比就会减小，这样就一定程度消除了对特征取值范围的影响。基于信息增益比的 C4.5 算法流程如图 7.12 所示，可见其基本过程和 ID3 算法一样，主要是终止条件不同。

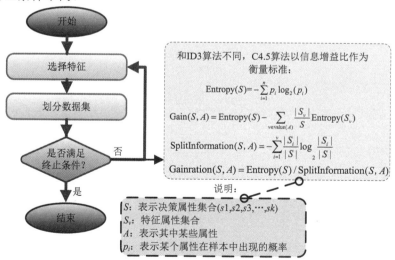

图 7.12 基于信息增益比的 C4.5 算法流程

7.6.2　C4.5 算法实例：使用 Python C4.5 算法建立决策树

使用 C4.5 算法实现根据天气条件决定是否适合打网球的决策过程，数据集和图 7.7 所示的数据集类似，分为训练集和测试集。本节首先需要对原书数据集进行一致性处理，便于后续程序处理，如图 7.13 所示。

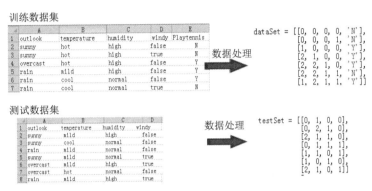

图 7.13　数据集及数据处理

程序代码如下所示。

```
#程序代码 7-2　C4.5 算法实现打网球决策　名称：7.2C4.5playtennis.py
# -*- coding: utf-8 -*-
#导入相关支持包文件
from math import log
import operator
import treePlotter
#定义计算熵的 calcShannonEnt()函数，输入参数：dataSet
def calcShannonEnt(dataSet):
    """
    输入参数：数据集　　输出：数据集的熵
    作用：计算给定数据集的熵
    """
    numEntries = len(dataSet)                        #获取数据集的长度为 numEntries
    labelCounts = {}                                 #定义变量 labelCounts
    for featVec in dataSet:                          #对数据集中的数据循环遍历
        currentLabel = featVec[-1]                   #当前第几个数据
        if currentLabel not in labelCounts.keys():
        #判断，如果 currentLabel 的值不在 labelCounts.keys 中
            labelCounts[currentLabel] = 0  #将 labelCounts[currentLabel]设置为 0
        labelCounts[currentLabel] += 1     #labelCounts[currentLabel]加 1
    shannonEnt = 0.0                                 #定义 shannonEnt 为 0
```

```
    for key in labelCounts:                              #循环读取数据集
        prob = float(labelCounts[key])/numEntries        #计算给定数据集的熵
        shannonEnt -= prob * log(prob, 2)
return shannonEnt                                         #返回 shannonEnt 值
#定义拆分数据集的 splitDataSet()函数，输入参数：dataSet, axis, value
def splitDataSet(dataSet, axis, value):
    """
    输入参数：数据集，选择维度，选择值        输出：划分数据集
    作用：按照给定特征划分数据集；去掉选择维度中等于选择值的项
    """
    retDataSet = []                                      #定义变量 retDataSet
    for featVec in dataSet:                              #从数据集中循环读取数据
        if featVec[axis] == value:
#下面两行代码是对列表的分片，将对原数据除去 axis 这个特征，featVec[:axis]返回的是一个
列表，其元素是 featVec 这个列表的索引从 0 到 axis - 1 的元素
            reduceFeatVec = featVec[:axis]
            #featVec[axis + 1: ]返回的是一个列表，其元素是 featVec 这个列表的索引从
axis + 1 开始的所有元素
        reduceFeatVec.extend(featVec[axis+1:]) #使用 extend()函数处理数据，通过将所有元
                                                素追加到已知 reduceFeatVec 来扩充它
retDataSet.append(reduceFeatVec)
#使用 append()函数处理数据，注意 append 是整体追加，extend 是个体化扩编。extend 将它的
参数视为 list，extend 的行为是把这两个 list 接到一起，append 是将它的参数视为 element，
作为一个整体添加上去的
    return retDataSet                                    #返回经拆分处理后的数据集
#定义 chooseBestFeatureToSplit 函数，输入参数：dataSet
def chooseBestFeatureToSplit(dataSet):
    """
    输入参数：数据集        输出：最好的划分维度
    作用：选择最好的数据集划分维度
    """
    numFeatures = len(dataSet[0]) - 1            #定义 numfeature 为特征的维度，最后一列为
                                                  标签，所以减 1
    baseEntropy = calcShannonEnt(dataSet)        #baseEntropy 用来记录最小信息熵
    bestInfoGain = 0.0; bestFeature = -1         #定义信息增益初始化为 0，最优的划分特征初始
                                                  化为-1
    for i in range(numFeatures):                 #遍历所有的特征
        featList = [example[i] for example in dataSet]   #创建 featList 存放每个
                                                          样本在第 i 维度的特征值
        uniqueVals = set(featList) #得到该特征下的所有不同的值，即根据该特征可分为几类
        newEntropy = 0.0                         #定义初始化熵为 0
        for value in uniqueVals:                 #遍历该特征维度下对应的所有特征值
```

```
        #依据这个值将样本划分为 value 个子集
            subDataSet = splitDataSet(dataSet, i, value)
            prob = len(subDataSet)/float(len(dataSet))     #计算 p 值
            #计算每个子集的信息熵并求和，得到划分后数据的信息熵
            newEntropy += prob * calcShannonEnt(subDataSet)
            #将原数据的信息熵减去划分后数据的信息熵，得到信息增益
        infoGain = baseEntropy - newEntropy
        #若该信息增益比当前记录的最佳信息增益大，就记录增益和记录划分依据的特征
        if (infoGain > bestInfoGain):
            bestInfoGain = infoGain          #记录增益
            bestFeature = i                  #记录划分依据的特征
    return bestFeature                       #返回 bestFeature 的值
#定义 majorityCnt()函数，输入参数：dataSet
def majorityCnt(classList):
    """
    输入参数：分类类别列表      输出：子节点的分类
    作用：数据集处理了所有属性，但是类标签依然不是唯一的，采用多数判决法决定该子节点的分类
    """
    classCount = {}                          #定义 classCount
    for vote in classList:                   #循环遍历
        if vote not in classCount.keys():#条件判断
            classCount[vote] = 0
        classCount[vote] += 1                #计算每个标签对应的数目
    #从大到小排序
    sortedClassCount = sorted(classCount.iteritems(), key=operator.itemgetter(1),
                    reversed=True)
return sortedClassCount[0][0]                #返回选出标签数量最多的
#定义创建树 createTree()函数，输入参数：dataSet, labels
def createTree(dataSet, labels):
    """
    输入参数：数据集，特征标签      输出：决策树
    作用：递归构建决策树
    """
 classList = [example[-1] for example in dataSet] #存储所有样本的标签
    #下面计算其中某个类别的标签数量，如果该数量等于标签的总数，则该数据集的类别标签一样。如
      果所有的标签都一样，直接返回该子集的标签
    if classList.count(classList[0]) == len(classList):
        # 类别完全相同，停止划分
        return classList[0]
#如果样本长度为 1，就停止，返回该数据集标签数目最多，作为该数据集的标签
    if len(dataSet[0]) == 1:
        return majorityCnt(classList)
```

```
    bestFeat = chooseBestFeatureToSplit(dataSet) #选取出该数据集最佳的划分特征
    bestFeatLabel = labels[bestFeat]                #获得该特征对应的标签名称
    myTree = {bestFeatLabel:{}}                      #创建 myTree 字典，字典形式为一
层套一层
    #将这个最佳的划分特征从标签列表中删除，这样做是为了下次递归进来不会发生错误的引用
    del(labels[bestFeat])
    #得到列表包括节点所有的属性值
    featValues = [example[bestFeat] for example in dataSet]
    #经过 set 去重，该特征能将当前的数据集划分成多少个不同的子集
    uniqueVals = set(featValues)
    #对划分的子集进一步进行划分，递归开始
    for value in uniqueVals:
    #将样本标签复制给 sublabels，就不会在每次的递归中改变原始 labels
        subLabels = labels[:]
        myTree[bestFeatLabel][value] = createTree(splitDataSet(dataSet, bestFeat,
                                    value), subLabels)
    return myTree  #将样本划分的子集再进行迭代
#定义分类 classify() 函数，输入参数：inputTree, featLabels, testVec
def classify(inputTree, featLabels, testVec):
    """
    输入参数：决策树，分类标签，测试数据集      输出：决策结果
    作用：运行决策树
    """
    firstStr = list(inputTree.keys())[0]            #找到输入的第一个元素
    secondDict = inputTree[firstStr]                #定义字典
    featIndex = featLabels.index(firstStr)          #获得特征索引
    for key in secondDict.keys():                   #循环遍历
        if testVec[featIndex] == key:               #判断
            if type(secondDict[key]).__name__ == 'dict': #进行递归，分类处理
                classLabel = classify(secondDict[key], featLabels, testVec)
            else:
                classLabel = secondDict[key]
    return classLabel
#定义分类 classifyAll() 函数，输入参数：inputTree, featLabels, testDataSet
def classifyAll(inputTree, featLabels, testDataSet):
    """
    输入：决策树，分类标签，测试数据集      输出：决策结果
    目的：运行决策树
    """
    classLabelAll = []                              #定义变量 classLabelAll
    for testVec in testDataSet:                     #遍历测试数据集
        classLabelAll.append(classify(inputTree, featLabels, testVec))
```

```
        #使用 append()函数整体追加
return classLabelAll                       #返回 classLabelAll
#定义保存树函数 storeTree()，输入参数：inputTree, filename
def storeTree(inputTree, filename):
    """
    输入参数：决策树，保存文件路径
    作用：保存决策树到文件
    """
    import pickle                          #导入数据存储包 pickle
    fw = open(filename, 'wb')              #以写方式打开文件
    pickle.dump(inputTree, fw)            #将对象 inputTree 保存到文件 fw 中
    fw.close()                            #关闭文件
#定义读取树函数 grabTree()，输入参数：filename
def grabTree(filename):
    """
    输入：文件路径名
    输出：决策树
    目的：从文件读取决策树
    """
    import pickle                          #导入数据存储包 pickle
    fr = open(filename, 'rb')              #以读方式打开文件
    return pickle.load(fr)                 #返回文件中存储的决策树
#创建数据集函数 createDataSet()，输入参数：空
def createDataSet():
    """
    作用：创建数据集，包括训练数据集和测试数据集
    outlook-> 0: sunny | 1: overcast | 2: rain#天气情况
    temperature-> 0: hot | 1: mild | 2: cool #温度
    humidity-> 0: high | 1: normal          #湿度
    windy-> 0: false | 1: true              #是否多云
    """
    dataSet = [[0, 0, 0, 0, 'N'],           #使用整数构建数据集
               [0, 0, 0, 1, 'N'],
               [1, 0, 0, 0, 'Y'],
               [2, 1, 0, 0, 'Y'],
               [2, 2, 1, 0, 'Y'],
               [2, 2, 1, 1, 'N'],
               [1, 2, 1, 1, 'Y']]
    labels = ['outlook', 'temperature', 'humidity', 'windy']    #定义标签数组
    return dataSet, labels                  #返回数据集合标签
#创建数据集函数 createTestSet()，输入参数：空
def createTestSet():
```

```
    """
    outlook-> 0: sunny | 1: overcast | 2: rain
    temperature-> 0: hot | 1: mild | 2: cool
    humidity-> 0: high | 1: normal
    windy-> 0: false | 1: true
    """
    testSet = [[0, 1, 0, 0],                        #使用整数构建测试数据集
              [0, 2, 1, 0],
              [2, 1, 1, 0],
              [0, 1, 1, 1],
              [1, 1, 0, 1],
              [1, 0, 1, 0],
              [2, 1, 0, 1]]
    return testSet                                  #返回测试数据集
#定义主函数
def main():
    dataSet, labels = createDataSet()               #创建数据集
    labels_tmp = labels[:]                           #复制，createTree 会改变 labels
    desicionTree = createTree(dataSet, labels_tmp)   #根据数据集创建决策树
    #storeTree(desicionTree, 'classifierStorage.txt')
    #desicionTree = grabTree('classifierStorage.txt')
    print('desicionTree:\n', desicionTree)           #打印决策树信息
    treePlotter.createPlot(desicionTree)             #创建可视化树
    testSet = createTestSet()                        #创建测试数据集
    print('classifyResult:\n', classifyAll(desicionTree, labels, testSet))
    #打印决策树信息
if __name__ == '__main__':
    main()                                           #调用 main() 主函数
```

生成的决策树如图 7.14 所示，生成的可视化决策树如图 7.15 所示。

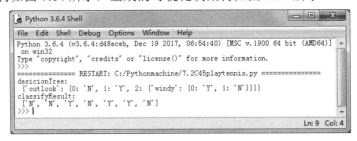

图 7.14　生成的决策树

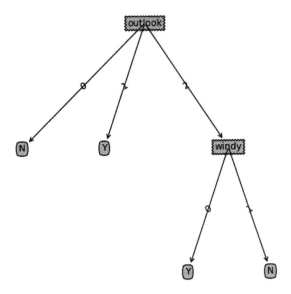

图 7.15　C4.5 算法生成的可视化决策树

7.7　CART 生成算法

7.7.1　CART 算法原理

分类与回归树（Classification And Regression Tree，CART）是决策树的一种，可用于创建分类树。创建分类树的递归过程中，CART 算法总是选择当前数据集中具有最小信息增益的特征作为节点划分决策树。CART 算法采用的是一种二分递归分割的技术，将当前样本分成两个子样本集，使得生成的非叶子节点都有两个分支。因此，CART 实际上是一棵二叉树。CART 算法与 ID3、C4.5 算法的对比如图 7.16 所示。

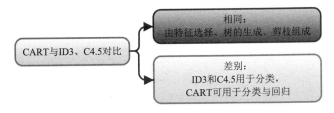

图 7.16　CART 算法与 ID3、C4.5 算法的对比

对于连续特征，CART 算法和 C4.5 算法采用同样的处理方法。为了避免过度拟合，CART 需要剪枝。预测过程比较简单，根据产生的决策树模型，匹配特征值到最后的叶子节点即可得

到需要预测的类别。

CART 算法的重要基础包括二分递归分割、单变量分割、剪枝策略,如图 7.17 所示。

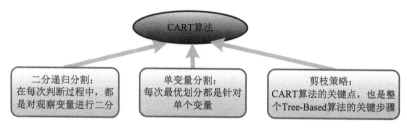

图 7.17　CART 算法的重要基础

7.7.2　CART 回归树的生成

最小二乘法回归树生成算法的思想是:在训练数据集所在的输入空间中通过递归将每个区域分为两个子区域,并决定每个子区域上的输出值,构建二叉决策树,算法流程如图 7.18 所示。

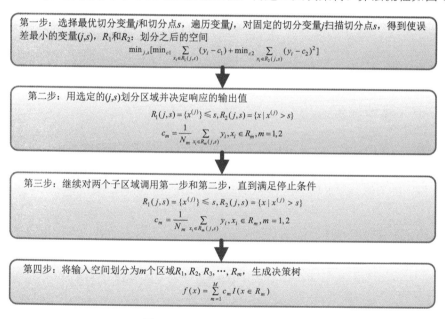

图 7.18　CART 回归树的生成

7.7.3　CART 分类树的生成

CART 分类树是用基尼系数选择最优特征,同时决定该特征的最优二值切分点。CART 分类树的生成算法如图 7.19 所示。

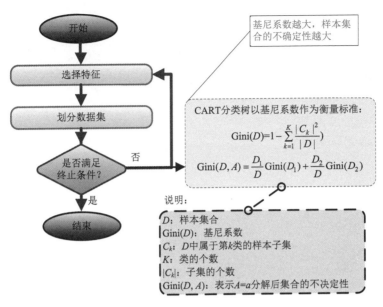

图 7.19　CART 分类树的生成算法

7.7.4　使用 Scikit-Learn 库的 CART 算法建立销售预测决策树

使用与 7.5.3 小节相同的例子，看如何使用 Python 和 Scikit-Learn 建立 CART 算法，决策的目的同样是根据天气、是否周末、是否促销等属性决策判断产品是否有好的销量。

```
#程序代码 7-3 CART 算法实现销售决策  名称：7.3CARTSale.py
#-*- coding: utf-8 -*-
import pandas as pd
inputfile = 'C:\Pythonmachine\decisiontreedata\data.xlsx'  #数据文件路径
data = pd.read_excel(inputfile, index_col = u'序号')          #读入数据
#数据文件是 Excel 表格，需要将标签变为数据
#用 1 表示好、是、高，用-1 表示坏、否、低
data[data == u'好'] = 1
data[data == u'是'] = 1
data[data == u'高'] = 1
data[data != 1] = -1
x = data.iloc[:,:3].as_matrix().astype(int) #将前 3 列作为输入，astype()函数
                                            将数据转换为 int 类型
y = data.iloc[:,3].as_matrix().astype(int)
from sklearn.tree import DecisionTreeClassifier as DTC
dtc = DTC()                                 #建立 CART 决策树模型，基于基尼系数（Gini index）
```

```
dtc.fit(x, y)                                    #训练模型，拟合数据
#导入相关函数，可视化决策树
from sklearn.tree import export_graphviz
x = pd.DataFrame(x)                              #构建一个表格型的数据结构
with open("CARTtree.dot", 'w') as f:             #打开文件 CARTtree.dot，准备写入
  f = export_graphviz(dtc, feature_names = x.columns, out_file = f)  #输出树
```

执行该 Python 程序后，在目录下生成一个扩展名为 CARTtree.dot 的文件，使用 Graphviz 打开后的决策树如图 7.20 所示。

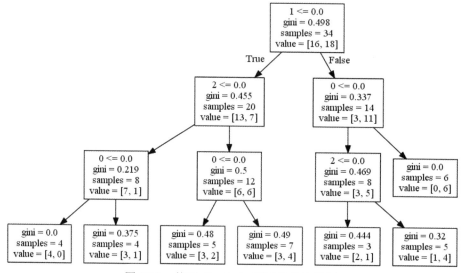

图 7.20　使用 Graphviz 打开后的决策树

7.8　实例：决策树预测隐形眼镜类型

隐形眼镜数据集是一个非常著名的数据集，包含很多患者眼部状况的观察条件以及医生推荐的隐形眼镜类型，数据来源于 UCI 数据库，简单处理后的数据保存在文本数据 lenses.txt 文件中。隐形眼镜的类型包括硬材质（hard）和软材质（soft）。数据集可以从 https://github.com/Jack-Cherish/Machine-Learning/blob/master/Decision%20Tree/classifierStorage.txt 下载，共有 24 组数据，数据的前 5 个属性标签依次是 age（年龄）、prescript（症状）、astigmatic（是否散光）、tearRate（眼泪数量）、class（眼镜类型），最后一列是最终的分类标签。

该决策可以做成机器学习系统，从而帮助眼科医生依据输入帮助确认病人需要佩戴的隐形眼镜类型。预测隐形眼镜类型程序实现流程如图 7.21 所示，程序代码如下所示。

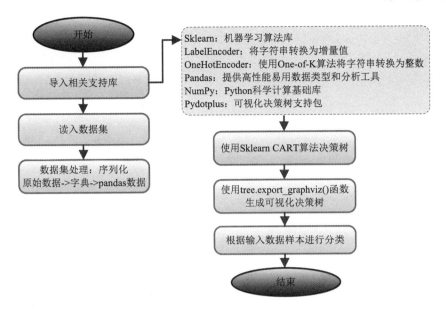

图 7.21 预测隐形眼镜类型程序实现流程

```python
#程序代码 7-4  CART 算法实现隐形眼镜选择决策  名称：7.4CARTlense.py
# -*- coding: uft-8 -*-
from sklearn.preprocessing import LabelEncoder, OneHotEncoder
from sklearn.externals.six import StringIO
from sklearn import tree
import pandas as pd
import numpy as np
import pydotplus
if __name__ == '__main__':
    with open('C:/Pythonmachine/data/lenses.txt', 'r') as fr:    #加载 lenses.txt 文件
        lenses = [inst.strip().split('\t') for inst in fr.readlines()] #处理
文件
    lenses_target = []                    #提取每组数据的类别，保存在列表里
    for each in lenses:                    #遍历
        lenses_target.append(each[-1])    #使用 append()函数追加到 lenses_target
    # print(lenses_target)
    lensesLabels = ['age', 'prescript', 'astigmatic', 'tearRate']  #特征标签
    lenses_list = []                       #保存隐形眼镜 lenses 数据的临时列表
    lenses_dict = {}                       #保存隐形眼镜 lenses 数据的字典，用于生成 pandas
    for each_label in lensesLabels:        #遍历，提取信息，生成字典
        for each in lenses:
```

```
            lenses_list.append(each[lensesLabels.index(each_label)])
    lenses_dict[each_label] = lenses_list
    lenses_list = []
# print(lenses_dict)                          #打印字典信息
lenses_pd = pd.DataFrame(lenses_dict)         #生成 pandas.DataFrame 数据框架
# print(lenses_pd)                            #打印 pandas.DataFrame
le = LabelEncoder()                           #创建 le 对象，用于序列化
for col in lenses_pd.columns:                 #遍历，序列化处理
    lenses_pd[col] = le.fit_transform(lenses_pd[col])
# print(lenses_pd)                            #打印编码信息
clf = tree.DecisionTreeClassifier(max_depth = 4)
#创建 DecisionTreeClassifier()类——CART 算法
clf = clf.fit(lenses_pd.values.tolist(), lenses_target) #使用数据，构建决策
dot_data = StringIO()                         #把文件暂时写在内存的对象中
tree.export_graphviz(clf, out_file = dot_data,     #绘制决策树
                    feature_names = lenses_pd.keys(),
                    class_names = clf.classes_,
                    filled=True, rounded=True,
                    special_characters=True)
graph = pydotplus.graph_from_dot_data(dot_data.getvalue())
graph.write_pdf("lensestree.pdf")             #保存绘制好的决策树，以 PDF 格式存储
print(clf.predict([[1,1,1,0]]))
```

程序运行结果如图 7.22 所示，表明输入的测试样本数据为[1,1,1,0]时，决策树决策应该选择硬材质（hard）类型的隐形眼镜。

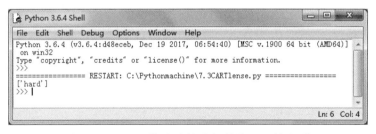

图 7.22　CART 算法决策选择的隐形眼镜类型

使用 Graphviz 软件或者其他 PDF 阅读器打开 lensestree.pdf 文件，看到的可视化决策树如图 7.23 所示。

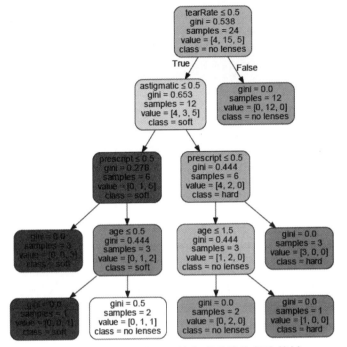

图 7.23　CART 算法生成的隐形眼镜选择决策树

第 8 章 无监督 k-Means 聚类

前面几章介绍的主要都是监督学习的机器学习方法，本章开始介绍机器学习的另外一种重要的学习方式——无监督学习方法。首先给出无监督 k-Means 聚类的应用场景；然后对无监督学习和监督学习进行对比，介绍无监督 k-Means 聚类的算法原理及流程、机器学习库 Scikit-Learn 的 sklearn.cluster.KMeans 类简介；最后使用 Python 实现无监督 k-Means 聚类的实例。

8.1 无监督 k-Means 聚类应用场景

首先来看一个客户分类问题，一些公司为了精准服务客户，通常需要对客户分类，分析客户价值，如图 8.1 所示。例如，航空公司怎样对客户分群，区分高价值客户、普通价值客户和无价值客户，然后对不同的客户群体实施个性化的营销策略，实现利润最大化。这类应用场景都可以使用聚类分析方法处理。

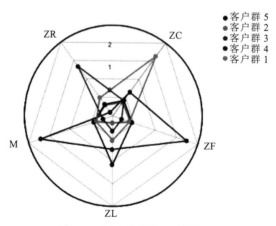

图 8.1 客户分群价值分析

下面说一个更具体的例子。我们知道，美国每四年会进行一次总统竞选，总统竞选的竞争非常激烈。无论民主党还是共和党的候选人，如果拿到美国各个州尽可能多的选票，就可能最终获胜。在 2004 年的总统大选中，两位候选人布什和克里的得票数非常接近，处于白热化的程度。接近到什么程度呢？仅仅 1% 的选民就能影响选举结果，投向谁谁就能当总统，如图 8.2

所示。因此，候选人到各地演讲拉票，而他的团队则要琢磨如何找出这类选民，并且让他们将关键选票投给自己的候选人。

　　为了更好地拉票，候选人的团队需要有人工智能专家，他们可以采用机器学习的 k-Means 聚类算法，通过收集关键 1%选民的信息，将这些信息输入聚类算法中，得到很多个簇，然后对聚类结果中的每个簇构造能吸引该簇选民的政策，引导选民投票，一旦算法有效，就可以决定谁能当上总统。可见，k-Means 聚类算法非常重要。

图 8.2　美国 2004 年总统大选

8.2　无监督学习算法

　　无监督学习是一种常用的机器学习算法，在数据挖掘、医学影像、股票市场分析、计算机视觉和市场分析等领域得到了广泛应用。与监督学习不同，无监督学习的样本不包含标签信息，只有一定的特征，由于没有标签信息，所以在学习过程中并不知道分类结果是否正确。

　　无监督学习与监督学习的对比如图 8.3 所示。典型的例子如一些聚合类新闻网站，它们利用爬虫程序自动爬取新闻后对新闻进行分类，就是一个无监督的学习过程。

　　例如，如果想了解关于自动驾驶的最新资讯，可以在百度搜索页面中输入关键字"自动驾驶"，那么相关的新闻都会出现在页面上，如图 8.4 所示。它们被作为一个集合，可以称为聚合（Clustering）问题。无监督学习处理的典型问题是聚类问题，有代表性的算法有 k-Means 算法（k-均值算法）、DBSCAN 算法等。

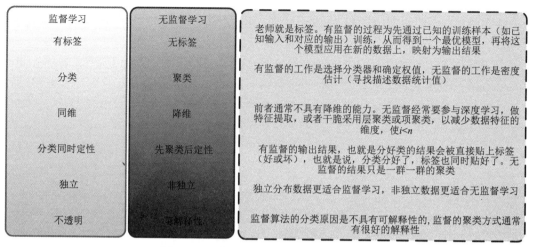

监督学习	无监督学习	老师就是标签。有监督的过程为先通过已知的训练样本（如已知输入和对应的输出）训练，从而得到一个最优模型，再将这个模型应用在新的数据上，映射为输出结果
有标签	无标签	有监督的工作是选择分类器和确定权值，无监督的工作是密度估计（寻找描述数据统计值）
分类	聚类	
同维	降维	前者通常不具有降维的能力。无监督经常要参与深度学习，做特征提取，或者干脆采用层聚类或项聚类，以减少数据特征的维度，使 $i<n$
分类同时定性	先聚类后定性	有监督的输出结果，也就是分好类的结果会被直接贴上标签（好或坏），也就是说，分类分好了，标签也同时贴好了。无监督的结果只是一群一群的聚类
独立	非独立	独立分布数据更适合监督学习，非独立数据更适合无监督学习
不透明	可解释性	监督算法的分类原因是不具有可解释性的, 监督的聚类方式通常有很好的解释性

图 8.3　无监督学习与监督学习的对比

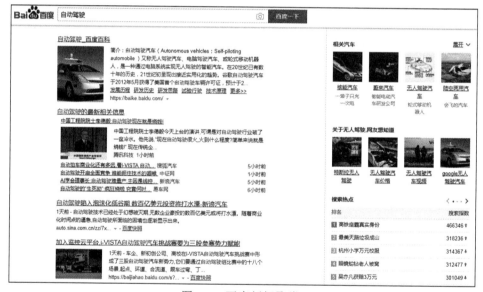

图 8.4　百度新闻聚类

8.3　k-Means 算法介绍

8.3.1　k-Means 算法概述

k-Means 算法是一种聚类算法。聚类是依据相似性原则，将相似度高的数据对象划分至同一类簇，如图 8.5 所示。聚类与前面章节提到的分类最大的区别在于，分类过程为有监督的机器学习过程,存在有先验知识的训练数据集。聚类过程为无监督机器学习过程,待处理数据对象没有任何先验知识。

k-Means 算法(k-均值算法)的 k 和 Means 的含义如图 8.6 所示。k-Means 算法是一种基于划分的聚类算法,通常以距离度量数据对象间相似性,即数据对象间的距离越小,相似性越高,则越有可能在同一个类簇。算法通常以欧氏距离计算数据对象之间的距离。

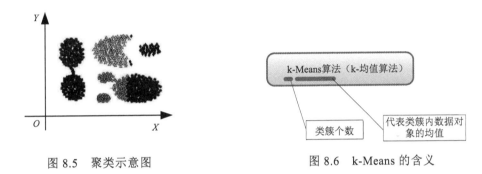

图 8.5　聚类示意图　　　　　　　图 8.6　k-Means 的含义

8.3.2　k-Means 和 KNN 算法

k-Means 算法和监督学习的 KNN 算法的相似之处在于都包含求最近点的过程,即给定一个点,在数据集中找离它最近的点。二者都用到 NN(Nears Neighbor)算法。它们之间的区别如图 8.7 所示。

k-Means算法	KNN算法
用途:k-Means是聚类算法	用途:KNN是分类算法
机器学习类型:无监督学习	机器学习类型:监督学习
输入数据集:无label的数据,是杂乱无章的	输入数据集:带label的数据,正确数据
有明显的前期训练过程	没有明显的前期训练过程
k的含义:k是人工固定的数字,假设数据集合可以分为k个簇,由于是依靠人工确定,所以需要先验知识	k的含义:给定一个带分类样本x,求出它的y,即从数据集中,在x附近找离它最近的k个数据点,这k个数据点,类别c点的个数最多,就把x的label设为c

图 8.7　k-Means 算法与 KNN 对比

8.4　k-Means 算法原理和流程

k-Means 算法的核心思想是:通过迭代过程把数据集划分为不同的类别,使得评价聚类性能的准则函数(平均误差准则函数 E)达到最优,从而达到生成的每个聚类(又称簇)内紧凑,类间独立的划分效果。

8.4.1 欧氏距离

假设给定的数据集 $X = \{x_m \mid m = 1, 2, \cdots, \text{total}\}$，$X$ 中的样本用 d 个描述属性 $A_1, A_2, \cdots, A_d$（维度）表示。数据样本 $x_i = (x_{i1}, x_{i2}, \cdots, x_{id})$，$x_j = (x_{j1}, x_{j2}, \cdots, x_{jd})$，其中 $x_{i1}, x_{i2}, \cdots, x_{id}$ 和 $x_{j1}, x_{j2}, \cdots, x_{jd}$ 分别是样本 x_i 和 x_j 对应 d 个描述属性 $A_1, A_2, \cdots, A_d$ 的具体取值。

样本 x_i 和 x_j 之间的相似度通常用它们之间的距离 $d(x_i, x_j)$ 表示，距离越小，样本 x_i 和 x_j 越相似，差异度越小；距离越大，样本 x_i 和 x_j 越不相似，差异越大。欧氏距离公式为

$$d(x_i, x_j) = \sqrt{\sum_{k=1}^{d} (x_{ik} - x_{jk})^2} \tag{8.1}$$

8.4.2 平均误差准则函数

k-Means 聚类算法使用误差平方和准则函数来评价聚类性能。对于给定数据集 X，其中只包含描述属性，不包含类别属性。假设 X 包含 k 个聚类子集 $X_1, X_2, \cdots, X_k$；各个聚类子集中的样本数量分别为 $n_1, n_2, \cdots, n_k$；各个聚类子集的均值代表点（聚类中心）分别为 $m_1, m_2, \cdots, m_k$，则误差平方和准则函数公式为

$$E = \sum_{i=1}^{k} \sum_{p \in X_i} \| x_{ik} - x_{jk} \|^2 \tag{8.2}$$

8.4.3 k-Means 聚类算法流程

k-Means 算法流程如图 8.8 所示。算法的终止条件是通过误差平方和准则函数评价聚类性能是否达到收敛。

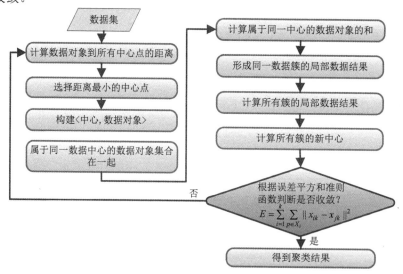

图 8.8　k-Means 算法流程

8.5　Sklearn 库的 k-Means 算法支持

Scikit-Learn 库用于支持 k-Means 聚类的类是 sklearn.cluster.KMeans，涉及的参数有 10 多个，最常用的是 n_clusters 和 random_state 两个参数。其中，参数 n_clusters 表示聚类的数目，默认值为 8。参数 random_state 表示产生随机数的方法，默认值为 None，此时的随机数产生器是 np.random 使用的 RandomState 实例，也可以指定一个 RandomState 实例类型作为参数。

sklearn.cluster.KMeans 类的常用函数如图 8.9 所示。关于函数的参数和方法的详细内容，可参考 Scikit-Learn 的在线技术文档 http://Scikit-learn.org/stable/modules/generated/sklearn.cluster.KMeans.html。

图 8.9　sklearn.cluster.KMeans 类的常用函数

8.6　使用 Sklearn 的 k-Means 实现鸢尾花聚类

本节使用 Sklearn 机器学习库中提供的 k-Means 算法对鸢尾花经典数据集（Iris）进行聚类分析。Iris 数据集是常用的分类实验数据集，数据集包含 150 个数据，分为 3 类，每类 50 个数据，每个数据包含 4 个属性，数据集的具体说明参见本书 2.7 节内容。使用 k-Means 算法对 Iris 数据集进行聚类分析的算法流程如图 8.10 所示。

使用 k-Means 算法对 Iris 数据集进行聚类分析的程序如下所示。

```
#程序代码 8-1 Python 实现 k-Means 聚类分析 名称：8.1Iriskmeans.py
import numpy as np
import pandas as pd
import matplotlib.pyplot as plt
from sklearn import datasets
from sklearn.cluster import KMeans
import sklearn.metrics as sm
```

```
#matplotlib inline
Iris = datasets.load_iris()                    #引入数据集
Iris.feature_names                             #Iris 数据集中的 feature（特征）

Iris.target                                    #实际的分类，用来计算 accuracy
Iris.target_names
x = pd.DataFrame(Iris.data)                    #把数据转换成 dataframe
x.columns = ['sepal_length', 'sepal_width', 'petal_length', 'petal_width']
#定义 x.columns 并赋值
y = pd.DataFrame(Iris.target)                  #定义 y
y.columns = ['Targets']
plt.figure(figsize=(14,7))
colormap = np.array(['red', 'lime', 'black'])
#可视化目前数据的分类情况
plt.subplot(1, 2, 1)
plt.scatter(x.sepal_length, x.sepal_width, c=colormap[y.Targets], s=40)
plt.title('sepal')
plt.subplot(1, 2, 2)
plt.scatter(x.petal_length, x.petal_width, c=colormap[y.Targets], s=40)
plt.title('petal')
plt.show()
```

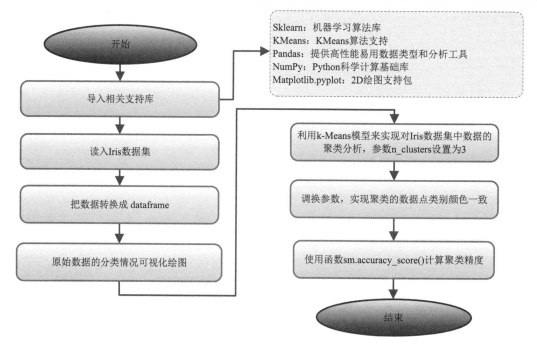

图 8.10   使用 k-Means 算法对 Iris 数据集进行聚类分析的算法流程

运行程序的结果如图 8.11 所示。

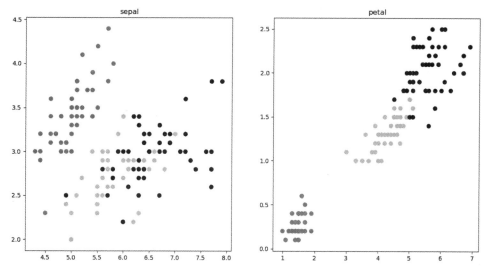

图 8.11　Iris 数据集中原始数据分类情况

下面利用 k-Means 模型实现对 Iris 数据集中数据的聚类分析，程序代码如下所示。

```
model = KMeans(n_clusters=3)                          #应用 KMeans 模型
model.fit(x)
plt.figure(figsize=(14, 7))
colormap = np.array(['red', 'lime', 'black'])
#可视化 k-Means 聚类情况
plt.subplot(1, 2, 1)                                  #第一个子图
plt.scatter(x.petal_length, x.petal_width, c=colormap[y.Targets], s=40)
#绘制散点图
plt.title('Real Classification')                     #定义标题
plt.subplot(1, 2, 2)                                  #第二个子图
plt.scatter(x.petal_length, x.petal_width, c=colormap[model.labels_], s=40)
#绘制散点图
plt.title('k-Means Classification')                  #定义标题
plt.show()                                            #显示图形
```

程序运行结果如图 8.12 所示，左图是实际值，右图是模型输出分类标注的值。为了使得聚类的数据点类别颜色一致，需要调换参数[2, 0, 1]，根据自己情况，左右对比去调换。

计算 accuracy（精度）的代码如下。

```
sm.accuracy_score(y, predY)
```

每次计算精度的结果根据 k-Means 算法聚类的情况可能不一样。调换后再次绘制聚类图的程序代码如下。

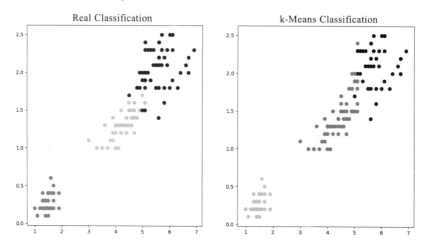

图 8.12 Iris 数据集中使用 k-Means 算法聚类结果

```
predY = np.choose(model.labels_, [2, 0, 1]).astype(np.int64)
plt.figure(figsize=(14, 7))
colormap = np.array(['red', 'lime', 'black'])
plt.subplot(1, 2, 1)
plt.scatter(x.petal_length, x.petal_width, c=colormap[y.Targets], s=40)
plt.title('Real Classification')
plt.subplot(1, 2, 2)
plt.scatter(x.petal_length, x.petal_width, c=colormap[predY], s=40)
plt.title('k-Means Classification')
plt.show()
print(sm.accuracy_score(y, predY))
```

运行程序的结果如图 8.13 所示，聚类分析后的数据如图 8.14 所示。

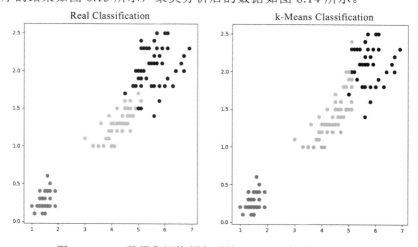

图 8.13 Iris 数据集调换颜色后的 k-Means 算法聚类结果

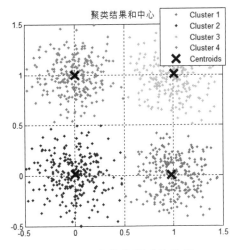

图 8.14　聚类分析后的数据

8.7　航空公司使用 k-Means 算法实现客户分类

在应用背景中提到目前各个航空公司的业务竞争激烈,如何建立客户价值评估模型对客户进行分类,实现有针对性的营销是在激烈的市场竞争中处于不败之地的有效方法。通过分析客户的数据,航空公司使用机器学习算法区分不同类型的客户,针对不同类型客户,进行精准营销,从而实现利润最大化。

具体的分析方法可以基于 RFM 模型进行,传统的 RFM 模型如图 8.15 所示。依据各个属性的平均值进行划分,但是如果细分的客户群太多,精准营销的成本太高。因此,确定消费时间间隔 R、客户关系长度 L、消费频率 F、飞行里程 M 和折扣系数的平均值 C 五个指标作为航空公司识别客户价值指标,将 RFM 模型简化为只分析五个指标 LRFMC 模型。

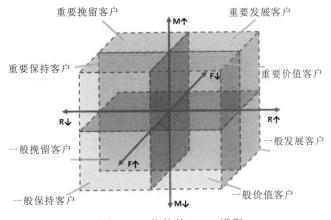

图 8.15　传统的 RFM 模型

本节将使用 Python 和 k-Means 算法实现航空公司的客户分类。航空公司客户聚类分析流程如图 8.16 所示。

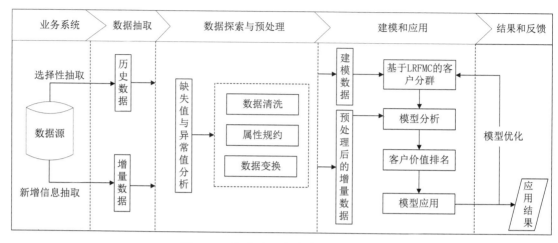

图 8.16　航空公司客户聚类分析流程

具体分析过程如下。

1．选取数据

为了便于数据处理，选取某一时间段的数据作为观测时间段（这里选取两年的数据），抽取观测时间段内的所有客户数据形成历史数据，对于后续新增的客户信息形成新增数据。

2．数据探索

本案例的探索分析主要是对数据进行缺失值和异常值分析。例如，以票价为控制指标，票价为空值的记录，可能是不存在的飞行记录，也可能来自积分兑换等渠道，查找每列属性观测值中空值的个数、最大值、最小值的程序代码如下。

```
import pandas as pd
import numpy as np
import matplotlib.pyplot as plt
from sklearn.cluster import KMeans
datafile= r'air_data.csv'                      #航空原始数据，第一行为属性标签
resultfile = r'testairdata.xls'                #数据探索结果表
#读取原始数据，指定 utf-8 编码（需要用文本编辑器将数据转换为 utf-8 编码）
data = pd.read_csv(datafile, encoding = 'utf-8')
#对数据的基本描述，参数 percentiles 指定计算多少的分位数表（如 1/4 分位数、中位数等）；
 T 是转置，转置后更方便查阅
explore = data.describe(percentiles = [], include = 'all').T
```

```
print('------------------------------------------------处理前的数据-------')
print(explore)
#describe()函数自动计算非空值数,需要手动计算空值数
explore['null'] = len(data)-explore['count']
explore = explore[['null', 'max', 'min']]
explore.columns = [u'空值数', u'最大值', u'最小值'] #表头重命名
print('------------------------------------------------处理后的数据-------')
print(explore)
#选取部分探索结果。describe()函数自动计算的字段有 count(非空值数)、unique(唯一值数)
#top(频数最高者)、freq(最高频数)、mean(平均值)、std(方差)、min(最小值)、50%(中
位数)、max(最大值)
```

程序运行后,处理前和处理后的部分数据分别如图 8.17 和图 8.18 所示。

```
-----------------------------------------------处理前的数据 -----
                        count  unique   ...       50%        max
MEMBER_NO               62988     NaN   ...   31494.5      62988
FFP_DATE                62988    3068   ...       NaN        NaN
FIRST_FLIGHT_DATE       62988    3406   ...       NaN        NaN
GENDER                  62985       2   ...       NaN        NaN
FFP_TIER                62988     NaN   ...         4          6
WORK_CITY               60719    3310   ...       NaN        NaN
WORK_PROVINCE           59740    1185   ...       NaN        NaN
WORK_COUNTRY            62962     118   ...       NaN        NaN
AGE                     62568     NaN   ...        41        110
LOAD_TIME               62988       1   ...       NaN        NaN
FLIGHT_COUNT            62988     NaN   ...         7        213
BP_SUM                  62988     NaN   ...      5700     505308
EP_SUM_YR_1             62988     NaN   ...         0          0
EP_SUM_YR_2             62988     NaN   ...         0      74460
SUM_YR_1                62437     NaN   ...      2800     239560
SUM_YR_2                62850     NaN   ...      2773     234188
SEG_KM_SUM              62988     NaN   ...      9994     580717
```

图 8.17　处理前的数据

```
---------------------------------------------处理后的数据 -----
                        空值数       最大值     最小值
MEMBER_NO                  0      62988         1
FFP_DATE                   0        NaN       NaN
FIRST_FLIGHT_DATE          0        NaN       NaN
GENDER                     3        NaN       NaN
FFP_TIER                   0          6         4
WORK_CITY               2269        NaN       NaN
WORK_PROVINCE           3248        NaN       NaN
WORK_COUNTRY              26        NaN       NaN
AGE                      420        110         6
LOAD_TIME                  0        NaN       NaN
FLIGHT_COUNT               0        213         2
BP_SUM                     0     505308         0
EP_SUM_YR_1                0          0         0
EP_SUM_YR_2                0      74460         0
SUM_YR_1                 551     239560         0
SUM_YR_2                 138     234188         0
SEG_KM_SUM                 0     580717       368
```

图 8.18　处理后的数据

3．数据预处理

（1）数据清洗。对初始数据集进行数据清洗,删除票价为空、票价为 0、平均折扣率不为 0、总飞行千米数大于 0 等无意义数据。

（2）属性规约。原始数据中属性太多，根据客户价值 LRFMC 模型，选择与模型相关的 5 个属性，删除其他无用属性，如客户会员卡号、性别、通信地址等数据。程序代码如下所示。

```
#定义 reduction_data()函数，输入参数为数据集
def reduction_data(data):
    data = data[['LOAD_TIME', 'FFP_DATE', 'LAST_TO_END', 'FLIGHT_COUNT',
            'SEG_KM_SUM', 'avg_discount']]    #取需要的属性字段的数据赋值给变量 data

    d_ffp = pd.to_datetime(data['FFP_DATE'])      #将 FFP_DATE 字段的数据转换为 datetime
                                                   类型，赋值给 d_ffp
    d_load = pd.to_datetime(data['LOAD_TIME'])    #将 LOAD_TIME 字段的数据转换为 datetime
                                                   类型，赋值给 d_load
    res = d_load - d_ffp                          #两个日期相减赋值给变量 res
    data2=data.copy()                             #处理后的数据赋值给变量 data2
    data2['L'] = res.map(lambda x: x / np.timedelta64(30 * 24 * 60, 'm'))
    #得到 data2 中的 L 数据
    data2['R'] = data['LAST_TO_END']              #得到 data2 中的 R 数据
    data2['F'] = data['FLIGHT_COUNT']             #得到 data2 中的 F 数据
    data2['M'] = data['SEG_KM_SUM']               #得到 data2 中的 M 数据
    data2['C'] = data['avg_discount']             #得到 data2 中的 C 数据
    data3 = data2[['L', 'R', 'F', 'M', 'C']]      #使用这五个数据构建数据集 data3
    return data3                                  #返回数据集 data3
data3=reduction_data(data)                        #调用 reduction()函数，得到处理后的数据集
print(data3)                                      #打印输出处理后的数据集
```

程序运行结果如图 8.19 所示。

```
           L    R    F       M         C
0    90.200000    1  210  580717  0.961639
1    86.566667    7  140  293678  1.252314
2    87.166667   11  135  283712  1.254676
3    68.233333   97   23  281336  1.090870
4    60.533333    5  152  309928  0.970658
5    74.700000   79   92  294585  0.967692
6    97.700000    1  101  287042  0.965347
7    48.400000    3   73  287230  0.962070
8    34.266667    6   56  321489  0.828478
9    45.500000   15   64  375074  0.708010
10   40.966667   22   43  262013  0.988658
11  114.166667    6  145  271438  0.952535
12   89.500000   67   29  321529  0.799127
13   90.466667    3  118  179514  1.398382
14   50.633333    2   50  270067  0.921985
15   73.133333   65   22  234721  1.026085
16   45.166667    7  101  172231  1.386525
17   41.233333   45   40  284160  0.837844
18   97.200000    2   64  169358  1.401596
```

图 8.19　属性规约处理后的数据

（3）数据变换。将原始数据转换成合适的格式以适应后续分析。采用数据变换的方式为属性构造和数据标准化的方式构造 LRFMC 的五个指标，如图 8.20 所示。

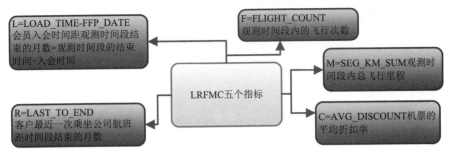

图 8.20　LRFMC 五个指标

```
#定义 zscore_data()函数，输入参数为数据集
def zscore_data(data):
data = (data - data.mean(axis=0)) / data.std(axis=0)  #原始数据转换
data.columns = ['Z' + i for i in data.columns]        #转换后赋值给 ZL,ZR,ZF,ZM 和 ZC
return data                                            #返回数据
data4 = zscore_data(data3)#调用 zscore_data()函数，处理 data3 数据，得到 data4
data4
```

程序运行结果如图 8.21 所示。

```
         ZL         ZR         ZF         ZM         ZC
0    1.435707  -0.944948  14.034016  26.761154   1.295540
1    1.307152  -0.911894   9.073213  13.126864   2.868176
2    1.328381  -0.889859   8.718869  12.653481   2.880950
3    0.658476  -0.416098   0.781585  12.540622   1.994714
4    0.386032  -0.922912   9.923636  13.898736   1.344335
5    0.887281  -0.515257   5.671519  13.169947   1.328291
6    1.701075  -0.944948   6.309337  12.811656   1.315599
7   -0.043274  -0.933930   4.325015  12.820586   1.297873
8   -0.543344  -0.917403   3.120249  14.447881   0.575103
9   -0.145883  -0.867824   3.687198  16.993157  -0.076664
10  -0.306283  -0.829262   2.198957  11.622784   1.441721
11   2.283704  -0.917403   9.427556  12.070469   1.246284
12   1.410940  -0.581364   1.206796  14.449781   0.416304
13   1.445143  -0.933930   7.514103   7.704099   3.658441
14   0.035747  -0.939439   2.695037  12.005347   1.081000
15   0.831849  -0.592381   0.710716  10.326420   1.644209
16  -0.157677  -0.911894   6.309337   7.358158   3.594292
17  -0.296847  -0.702558   1.986351  12.674761   0.625775
18   1.683384  -0.939439   3.687198   7.221691   3.675833
```

图 8.21　变换后的数据

4．客户聚类分析

利用 k-Means 聚类算法对航空公司客户数据进行聚类分群，聚类成 5 类客户（根据分析需要进行调整），程序代码如下。

```
inputfile = r'/home/kesci/input/date27730/zscoreddata.xls'  #待聚类的数据文件
k = 5                                                        #定义聚类类别数
```

111

```
#读取数据并进行聚类分析
data = pd.read_excel(inputfile)                              #读取数据
#调用 k-Means 算法，进行聚类分析
kmodel = KMeans(n_clusters = k, n_jobs = 4)  #n_jobs为定义的并行数，一般等于CPU数即可
kmodel.fit(data)                                            #对模型进行训练
#构建 Series 对象，它由一组数据以及一组与之相关的数据标签（即索引）组成
r1 = pd.Series(kmodel.labels_).value_counts()
#构建 DataFrame 对象
r2 = pd.DataFrame(kmodel.cluster_centers_)
#concat 是沿轴方向将多个对象合并到一起
r = pd.concat([r2, r1], axis=1)
r.columns = list(data.columns) + ['类别数目']
#使用 concat()函数合并数据
r = pd.concat([data, pd.Series(kmodel.labels_, index=data.index)], axis=1)
r.columns = list(data.columns) + ['聚类类别']
print(kmodel.cluster_centers_)                              #打印聚类中心
print(kmodel.labels_)                                       #打印聚类分类标签
r                                                           #显示 r 的值
```

程序运行结果如图 8.22 所示。

```
[[-7.00911431e-01 -4.16692394e-01 -1.57999447e-01 -1.56926028e-01
  -2.72817818e-01]
 [ 1.16333765e+00 -3.78014408e-01 -8.54914789e-02 -9.32820427e-02
  -1.60745711e-01]
 [ 4.85654039e-01 -7.99896361e-01  2.48350667e+00  2.42472900e+00
   3.14121954e-01]
 [-3.41230560e-03  2.13821622e-03 -2.49241340e-01 -2.59327232e-01
   2.06887052e+00]
 [-3.10379535e-01  1.69217257e+00 -5.74724678e-01 -5.36691238e-01
  -1.83545723e-01]]
[1 1 1 ... 1 1 1]
>>> r
          ZL        ZR        ZF        ZM        ZC    聚类类别
0   1.689882  0.140299 -0.635788  0.068794 -0.337186       1
1   1.689882 -0.322442  0.852453  0.843848 -0.553613       1
2   1.681743 -0.487707 -0.210576  0.158569 -1.094680       1
3   1.534185 -0.785184  0.002030  0.273091 -1.148787       1
4   0.890167 -0.426559 -0.635788 -0.685170  1.231909       3
5  -0.232618 -0.690983 -0.635788 -0.603898 -0.391293       0
6  -0.496949  1.996225 -0.706656 -0.661752 -1.311107       4
7  -0.868498 -0.267905 -0.281445 -0.262422  3.396178       3
8  -1.074796  0.024614 -0.423182 -0.520916  0.149775       0
9   1.907150 -0.884343  2.978512  2.130285  0.366201       2
```

图 8.22   聚类处理后的数据

5. 可视化显示客户分类结果

相应的程序代码如下。

```
#定义 density_plot()函数，输入参数为数据集
```

```
def density_plot(data):
 plt.rcParams['font.sans-serif']=['SimHei']   #设置字体参数值为 SimHei
 plt.rcParams['axes.unicode_minus']=False      #设定 axes.unicode_minus 参数值为 False
 p=data.plot(kind='kde',linewidth=2,subplots=True,sharex=False)
 [p[i].set_ylabel('密度') for i in range(5)]   #绘制密度曲线
 [p[i].set_title('客户群%d' %i) for i in range(5)]    #设置标题
 plt.legend()                                   #设置图例
 plt.show()                                     #显示图形
 return plt                                     #返回 plt
density_plot(data4)                             #调用 density_plot()函数绘制曲线
```

运行后绘制的曲线如图 8.23 所示。

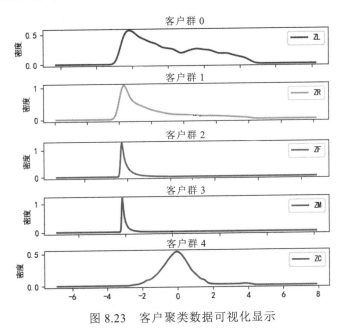

图 8.23　客户聚类数据可视化显示

第 9 章 Apriori 关联规则算法

本章首先以银行业务分析为例，提出关联规则算法的应用场景，然后以经典案例——啤酒和尿布的故事介绍关联规则的基本含义，Apriori 算法的基本概念，关联规则的分析、原理和流程，Apriori 算法示例，最后使用 Python 和 Apriori 关联规则算法实现了酒店菜品关联关系分析的实例。

9.1 关联规则算法应用场景

"关联"这个词的含义就是一个事件和其他事件或者一个事物和其他事物之间依赖或联系的知识。关联规则算法在日常生活中应用广泛，例如在 ATM 机上取钱时发现 ATM 机上捆绑了用户可能感兴趣的银行理财等金融产品信息，以供用户了解。银行通过分析数据库的记录发现某个高信用的用户近期更换了通信地址，该用户有可能新近购买了一套更大更好的住宅，通过关联分析，发现该用户可能需要更高额度授信的高端信用卡或者银行贷款，银行就可以将这些产品信息通过系统推送给该用户，从而获得更好的收益，那么这些关联分析怎么做才能更精准呢？这就是 Apriori 关联规则算法需要解决的问题。银行关联规则分析应用场景的示意如图 9.1 所示。

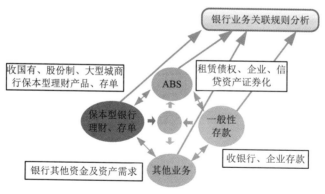

图 9.1 银行关联规则分析应用场景

9.2 关联规则概述——有趣的啤酒和尿布

关联规则用于通过机器学习挖掘发现大量数据中项集之间的有趣关联联系。在某大型超市，将啤酒和尿布两个商品摆放在同一货架上，看起来毫无关联的两类产品，却使该超市获得了良好的收益。这种现象就是卖场中商品之间的关联性，研究"啤酒与尿布"关联的方法就是购物篮分析技术。超市利用关联规则技术有助于发现不同商品的联系，找出顾客的购买行为模式，如分析购买了某一商品对购买其他商品的影响。分析结果可以应用于商品货架布局、货存安排以及根据购买模式对用户进行分类。关联规则挖掘分为两个子问题，如图 9.2 所示。

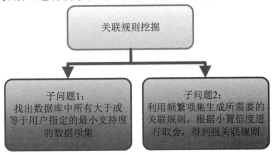

图 9.2　关联规则挖掘的两个子问题

9.3　关联规则挖掘算法

经典的关联规则挖掘算法包括 Apriori 算法和 FP-growth 算法，FP-growth 算法采用了高级的数据结构，减少了扫描次数。相比 Apriori 算法 FP-growth 算法的速度更快，效率更高。通常使用 FP-growth 算法高效地发现频繁项集，使用 Apriori 算法进行关联分析。FP-growth 算法发现频繁项集的过程如图 9.3 所示。FP-growth 算法和 Apriori 算法的对比分析如图 9.4 所示。

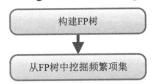

图 9.3　FP-growth 算法发现频繁项集的过程

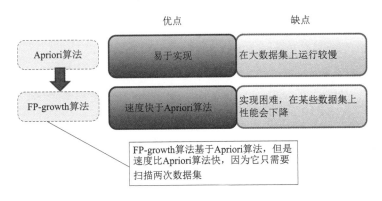

图 9.4　关联规则挖掘两种算法关系和区别

9.4 Apriori 关联规则算法原理

Apriori 关联规则算法涉及项集、交易数据库、关联规则、支持度、置信度和强关联规则等基本概念。

9.4.1 基本概念

1．项集

设 $I=\{i_1, i_2, \cdots, i_m\}$，是 m 个不同的项目的集合，每个 i_k 称为一个项目。项目的集合 I 称为项集，其元素的个数称为项集的长度，长度为 k 的项集称为 k-项集。

2．交易数据库

每笔交易 T 是项集 I 的一个子集。对应每一个交易有一个唯一标识交易号，记作 TID。交易全体构成了交易数据库 D，$|D|$ 等于 D 中交易的个数。

3．关联规则

关联规则满足以下条件

$$R\text{：}X \Rightarrow Y$$

其中，$X \subset I$ 且 $X \cap Y = \varnothing$。表示项集 X 在某一交易中出现，则导致 Y 也会以某一概率出现。关联规则可以用两个标准来衡量：支持度和可信度。

4．支持度

项集的支持度（Support）定义为数据集中包含该项集的记录所占的比例。例如选举人民代表投票，某人的得票支持率为 92%。设 W 业务集中有 $s\%$ 的事务同时支持项集 A 和 B，$s\%$ 称为 $\{A, B\}$ 的支持度，即满足

$$\text{support}(\{A,B\}) = \text{num}(A \cup B) / W = P(A \cap B) \tag{9.1}$$

其中，$\text{num}(A \cup B)$ 不是数学中的并集，而是表示含有物品集 $\{A,B\}$ 的事务集个数。

5．置信度

置信度（Confidence）表示项集 A 出现时 B 是否一定出现，如果出现，则出现的概率是多大。如果 $A\text{->}B$ 的置信度是 100%，则说明 A 出现时 B 一定会出现，用公式表示为

$$\text{confidence}(A\text{->}B) = \text{support}(\{A,B\}) / \text{support}(\{A\}) = P(B|A) \tag{9.2}$$

6. 强关联规则

设关联规则的最小支持度和最小置信度分别为 SUPmin 和 CONFmin。如果某规则 *R* 的支持度和置信度均大于 SUPmin 和 CONFmin，则称为强关联规则。关联规则挖掘的目的就是找出强关联规则，从而指导决策过程。

前面提到的 Apriori 关联规则算法的基本概念的关系如图 9.5 所示。

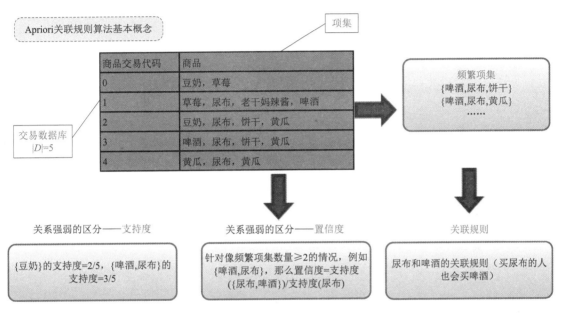

图 9.5　关联规则的基本概念关系图解

9.4.2　关联规则的分类

关联规则有多种类型，包括基于规则中处理的变量的类别，基于规则中数据的抽象层次和基于规则中涉及的数据维度等分类方式，具体各分类方式及示例如图 9.6 所示。

9.4.3　Apriori 算法原理

Apriori 算法常用于挖掘数据关联规则，用来找出数据值中频繁出现的数据集合，找出这些集合的模式有助于决策。例如，只要超市购物数据集或电商网购数据集中找到了频繁出现的数据集，那么超市可以优化商品摆放位置，电商可以优化商品存放在仓库的位置，从而达到节约成本，提高效益的目标。Apriori 关联规则算法流程图如图 9.7 所示。

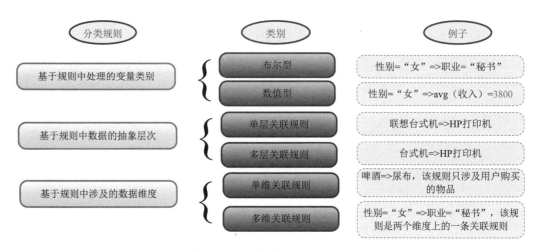

图 9.6 关联规则分类和示例

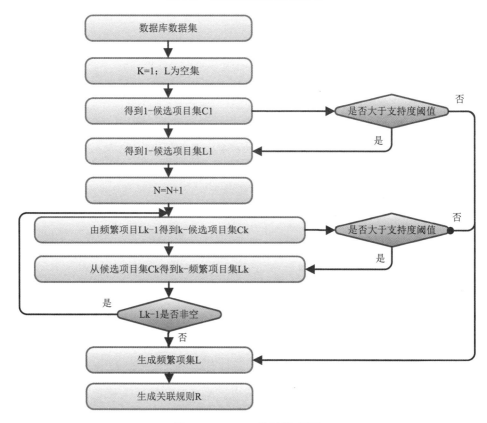

图 9.7 Apriori 算法流程图

9.4.4　发现频繁项集过程

发现频繁项集是 Apriori 算法的关键步骤，其过程如图 9.8 所示。由数据集生成候选项集 C1（1 表示每个候选项仅有一个数据项），然后由 C1 通过支持度过滤，生成频繁项集 L1（1 表示每个频繁项仅有一个数据项）；将 L1 的数据项两两拼接成 C2；从候选项集 C2 开始，通过支持度过滤生成 L2；L2 根据 Apriori 算法原理拼接成候选项集 C3；C3 通过支持度过滤生成 L3……直到 Lk 中仅有一个或没有数据项为止。

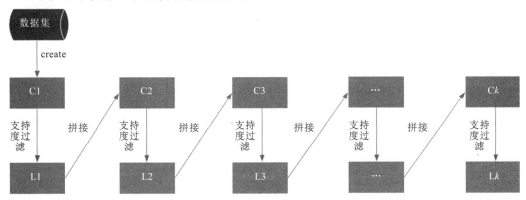

图 9.8　发现频繁项过程

9.4.5　Apriori 算法示例

本节通过一个具体例子解释 Apriori 算法的分析原理。假设某电厂运行数据中提取的轴承振动传感器报警数据：该记录中包含 9 条样本，即|D|=9，分别给样本按时间标定相应序号，如表 9.1 所示，第 1 列为按顺序排序的时间表示符号，第 2 列为同一时间段轴承振动超过临界值的轴承标号。本例中设样本的最小支持度为 2（2/9=22%）。

表 9.1　某电厂汽轮机轴承振动过大报警记录

按顺序排序的时间段	超标轴承标号
T100	I1,I2,I5
T200	I2,I4
T300	I2,I3
T400	I1,I2,I3
T500	I1,I3
T600	I2,I3
T700	I1,I3
T800	I1,I2,I3,I5
T900	I1,I2,I3

Apriori 算法扫描样本中的频繁项集的流程如图 9.9 所示。首先从搜索全部数据 D 开始，选出候选 1-项目集（Sup 为项目集的支持度）。

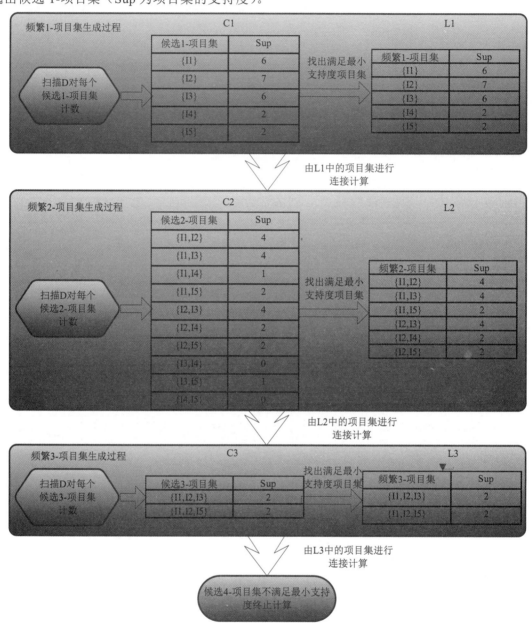

图 9.9　Apriori 算法确定频繁项集流程图

分析过程从扫描 D 找出候选 1-项目集开始，在满足规定的最小支持度的候选 1-项目集中找出频繁 1-项目集，将候选 2-项目集可能的组合全部列出，按照其组合扫描 D 找出频繁

2-项目集，以此类推，直到找到所有满足最小支持度的 k-频繁项目集，本例中为 3-项集。由整个分析流程可以看出最后得到的频繁 3-项目集是通过给定数据找出的频繁组合，其规则含义如下。

（1）I1、I2、I3 出现的概率满足支持度（2/9=22%）。

（2）I1、I2、I5 出现的概率满足支持度（2/9=22%）。

针对频繁项目集 2 研究产生的关联规则。首先找到这一频繁项目集非空真子集，它们分别是{I1,I2}，{I1,I5}，{I2,I5}，{I1}，{I2}和{I5}计算其各自置信度：

I1,I2==>I5	confidence=2/4=50%
I1,I5==>I2	confidence=2/2=100%
I2,I5==>I1	confidence=2/2=100%
I1==>I2,I5	confidence=2/6=33%
I2==>I1,I5	confidence=2/7=29%
I5==>I1,I2	confidence=2/2=100%

上面即为关联规则分析数据库的部分规则，以最后一条为例可解读为当 I5 轴承超标时{I1,I2}轴承必超标。从以上过程可以了解到算法的运算过程。

9.5 使用 Apriori 算法发现酒店菜肴间关联规则

某酒店菜单如图 9.10 所示，客人点菜时会根据自己的口味进行搭配。由于酒店众多，为了能够留住客人，在市场上更具竞争力，餐厅需要分析客人每次点菜的组合，发现这些菜品之间的内在联系，进而可以更好地服务食客。

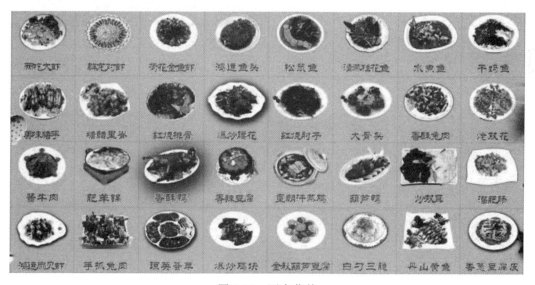

图 9.10 酒店菜单

本节将介绍如何使用 Python 结合 Apriori 算法来发现酒店菜肴间关联规则的实例。具体实现 Apriori 算法的程序流程如图 9.11 所示，实现代码如下所示。

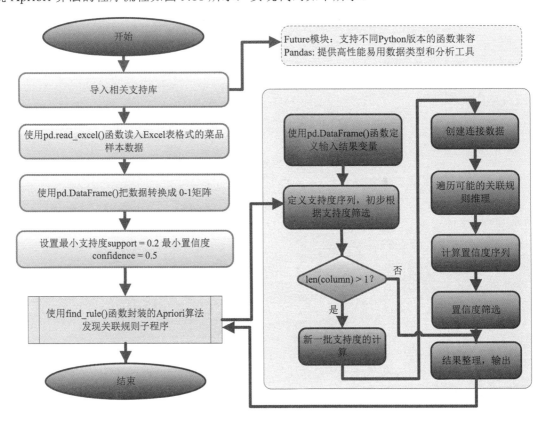

图 9.11　程序实现流程图

```
#程序代码 9-1 Python 实现 k-Apriori 关联规则分析  名称：9.1HotelMenuApriori.py
#-*- coding: utf-8 -*-
from __future__ import print_function        #即使在 Python2.x 中，使用 print 也
                                              得像 Python3.x 那样加括号

import pandas as pd
#定义连接函数，用于实现 L_{k-1}到 C_k 的连接
def connect_string(x, ms):
  #map 函数对列表/迭代器中每个元素执行 lambda i:sorted(i.split(ms))函数，返回迭代器，
转化成列表需要使用 list(map(fuc,list))，lambda 函数也叫匿名函数，即函数没有具体的名称
  x = list(map(lambda i:sorted(i.split(ms)), x))
  l = len(x[0])                              #返回变量 x 的长度
  r = []                                     #定义变量 r
```

```
for i in range(len(x)):                              #循环迭代
  for j in range(i,len(x)):
    if x[i][:l-1] == x[j][:l-1] and x[i][l-1] != x[j][l-1]:
      r.append(x[i][:l-1]+sorted([x[j][l-1],x[i][l-1]]))   #实现L_{k-1}到C_k
的连接
  return r
#定义寻找关联规则的函数
def find_rule(d, support, confidence, ms = u'--'):
  result = pd.DataFrame(index=['support', 'confidence'])   #定义输出结果
  support_series = 1.0*d.sum()/len(d)                      #支持度序列
  column = list(support_series[support_series > support].index)  #初步根据支持
度筛选
  k = 0              #定义变量 k 并赋初值
  while len(column) > 1:
    k = k+1
    print(u'\n 正在进行第%s 次搜索...' %k)              #打印输出信息
    column = connect_string(column, ms)               #调用 connect_string 函数，实现连接
    print(u'数目：%s...' %len(column))                #打印输出信息
    sf = lambda i: d[i].prod(axis=1, numeric_only = True)   #新支持度的计算函数
    #创建连接数据，该步骤比较耗时和内存。当数据集较大时，可以考虑并行运算优化
    d_2 = pd.DataFrame(list(map(sf,column)), index = [ms.join(i) for i in
        column]).T   #构建 DataFrame，DataFrame 是 Pandas 中一个表结构的数据结构
    support_series_2 = 1.0*d_2[[ms.join(i) for i in column]].sum()/len(d)
    #计算连接后的支持度
    column = list(support_series_2[support_series_2 > support].index)  #新支持度筛选
    support_series = support_series.append(support_series_2)   #添加
    column2 = []                                       #定义变量 column2
    for i in column:  #遍历可能的推理，如{A,B,C}究竟是 A+B-->C，或是 B+C-->A，还是
C+A-->B？
      i = i.split(ms)                                  #分裂字符串 ms
      for j in range(len(i)):                          #循环遍历
        column2.append(i[:j]+i[j+1:]+i[j:j+1])         #添加
    cofidence_series = pd.Series(index=[ms.join(i) for i in column2]) #定义置信
度序列
    for i in column2:                                  #计算置信度序列
      cofidence_series[ms.join(i)] = support_series[ms.join(sorted(i))]/
                            support_series [ms.join(i[:len(i)-1])]
    for i in cofidence_series[cofidence_series > confidence].index: #置信度筛选
      result[i] = 0.0                                  #定义变量result[i]
```

```
    result[i]['confidence'] = cofidence_series[i]              #信任度赋值
    result[i]['support'] = support_series[ms.join(sorted(i.split(ms)))]
    #支持度赋值
result = result.T.sort_values(['confidence','support'], ascending = False)
#结果整理，输出
return result                                                #返回结果
#读者注意以下是你自己计算机存放文件的目录，如果和本代码中不一致，要进行修改
inputfile = 'C:/Pythonmachine/data/Hotelmenu.xlsx'           #输入文件路径
outputfile = 'C:/Pythonmachine/data/analyzeresult.xlsx'      #结果文件路径
data = pd.read_excel(inputfile, header = None)               #读取 Excel 文件
print(u'\n 转换原始数据至 0-1 矩阵...')
ct = lambda x : pd.Series(1, index = x[pd.notnull(x)])  #转换 0-1 矩阵的过渡函数
b = map(ct, data.as_matrix())                           #用 map 方式执行

data = pd.DataFrame(list(b)).fillna(0)                  #实现矩阵转换，空值用 0 填充
print(u'\n 转换完毕。')                                    #打印信息
del b #删除中间变量 b，节省内存
support = 0.2                                            #赋值最小支持度
confidence = 0.5                                         #赋值最小置信度
ms = '-' #连接符，默认'--'，用来区分不同元素，如 A--B。保证原始数据中不含有该字符
find_rule(data, support, confidence, ms).to_excel(outputfile) #保存结果到 Excel 文件
print("Apriori 算法结束！")                                 #打印输出
```

程序运行后，自动将发现的关联规则运行结果存储到 Excel 格式的 analyzeresult.xlsx 文件中，输出结果如图 9.12 所示。

图 9.12　程序运行结果打印信息

原始数据集的部分样本数据和发现的关联规则如图 9.13 所示。

酒店提供的原始数据集（客户点菜的集合）			
菜名2	菜名4	菜名3	
菜名1	菜名5		
菜名1	菜名4		
菜名2	菜名1	菜名4	菜名5
菜名2	菜名1		
菜名1	菜名6		
菜名2	菜名1	菜名4	菜名3
菜名2	菜名1	菜名4	
菜名2	菜名4	菜名3	
菜名2	菜名1		菜名6

Apriori算法 →

发现的关联规则		
	support	confidence
菜名3-菜名2	0.272727273	1
菜名3-菜名4	0.272727273	1
菜名3-菜名4-菜名2	0.272727273	1
菜名2-菜名3-菜名4	0.272727273	1
菜名4-菜名2	0.545454545	0.857142857
菜名1-菜名4-菜名2	0.363636364	0.8
菜名2-菜名4	0.545454545	0.75
菜名2-菜名1	0.545454545	0.75
菜名4-菜名1	0.454545455	0.714285714
菜名2-菜名4-菜名1	0.363636364	0.666666667
菜名1-菜名2-菜名4	0.363636364	0.666666667
菜名1-菜名2	0.545454545	0.666666667
菜名1-菜名4	0.454545455	0.555555556

（a）　　　　　　　　　　　　　　　　　　（b）

图 9.13　原始数据样本和发现的规则结果

需要注意的是，运行该关联规则分析程序需要安装 xlwt 和 openpyxl 第三方库。如果没有安装这两个库，执行程序会报错，报错信息和解决方法如图 9.14 所示，安装成功的界面如图 9.15 所示。

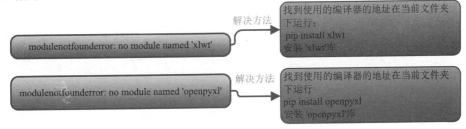

图 9.14　提示错误的解决方法

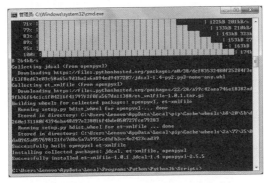

图 9.15　openpyxl 库安装成功信息

第 10 章　PageRank 排序

本章介绍划分网页等级 PageRank 排序算法的应用场景，PageRank 排序概述，PageRank 模型和算法（包括如何度量网页本身的重要性，PageRank 算法的核心思路和 PageRank 模型）等内容，最后给出一个使用 Python 语言实现网页 PageRank 排序的实例。

10.1　PageRank 排序应用场景

目前，在国家双创政策的支持下，大学生创业开展得如火如荼。假设你是一名在校大学生，看到了绿色农业的商机，于是组建团队成立了一家销售农家土产品的绿色农家乐公司，你想让更多的人快速了解到你的产品，最简单的办法就是投入足够多的资金找专业公司，进行品牌推广，辅以铺天盖地的广告，可惜你没有那么多资金，此时进行低成本的互联网推广是一个较好的选择，如图 10.1 所示。

图 10.1　绿色农产品创业

具体的做法是首先找专业公司按照自己的想法建立专门的电商网站，开发完成后，你开始等着大批用户下单，可事与愿违，几个月过去，除了线下熟人关系卖了一些产品，线上可能只卖了几件产品，问题出在哪里了？答案是大家不知道你的网站，更谈不上去你的网站上买东西了。在百度搜索你的电商网站，可能翻了几十页才能找到，用户怎么可能去你的网站买东西呢？

那么怎么解决这个问题呢？实际上这是一个网站排名的问题，你可能首先会想到百度推广，不过需要花钱才能够提升你的网站排名。通过搜索引擎根据用户输入返回结果的过程如图

10.2 所示，这个搜索的背后就使用了网站排序顺序算法。网站排序主要使用 BR（百度权重）、PR（谷歌权重）等评价指标进行排名，电商网站的 PR 值（PageRank 排序值）排名如图 10.3 所示。

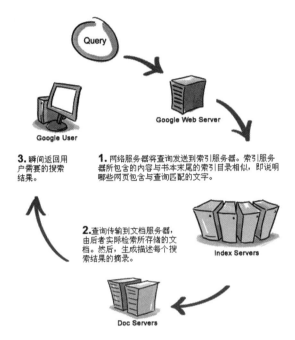

图 10.2　Google 搜索的过程

图 10.3　电商网站的 PR 值排名

10.2　PageRank 排序概述

PageRank 排序方法由 Google 公司提出，很多重要的链接分析算法都是以此为基础提出的。PageRank 的用途是划分网页等级（重要性），通过该方法使得较高重要性网页排名靠前，提高搜索结果的相关性和质量。PR 值的级别如图 10.4 所示。PR 值达到 4 就被认为是一个不错的网站，Google 网站的 PR 值为最高级别 10。

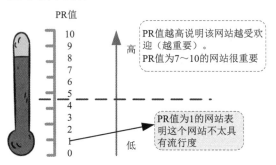

图 10.4　网站的 PR 值类别

10.3　PageRank 模型和算法

10.3.1　如何度量网页本身的重要性

互联网上的每一个网页（HTML 格式的文档）都会包含文本、图片、视频，以及大量的链接。如图 10.5 所示，网页 A 链接到网页 B，则可以认为网页 A 觉得网页 B 有链接价值，是比较重要的网页。利用这些链接关系，能够发现某些重要的网页。

根据这个原则，网络上某网页被指向的次数越多，则它的重要性越高；越是重要的网页，所链接的网页的重要性也越高。一个具体的新闻网站链接关系分析案例如图 10.6 所示。

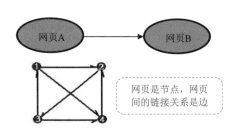

图 10.5　网页节点和链接关系

图 10.6　分析重要网页

10.3.2　PageRank 的核心思路

PageRank 算法主要用来计算网页的重要程度，将最重要的网页展示在其他网页的前面，此算法主要围绕以下两个假设。

（1）如果存在一个网页，它被许多其他的网页链接到，则说明这个网页比较重要，即此网页的 PR 值较高。

（2）如果存在一个网页，它本身的 PR 值比较高，且此网页又链接了一个网页，则这个被链接的网页比较重要，其 PR 值较高。

所以说，PageRank 是基于从许多优质的网页链接过来的网页就一定还是优质网页的回归关系来判定所有网页的重要性，如图 10.7 所示。

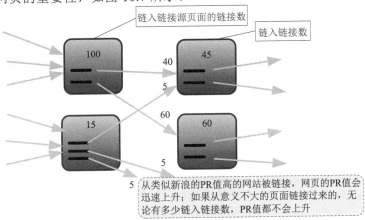

图 10.7　PageRank 核心思想

我们可以通过一个简单的示例来看如何计算 PR 值，具体计算过程和说明如图 10.8 所示，计算分为两个步骤。

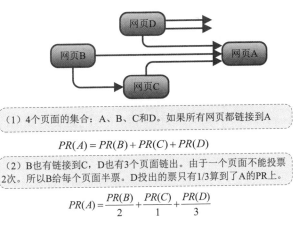

图 10.8　PR 值计算示例

10.3.3   PageRank 模型

总结图 10.6 的示例,可以进一步建立涉及更多网页直接关系的 PageRank 算法模型,即一个网页的排名等于所有链接到该网页的加权排名之和

$$PR_i = \sum_{(j,i)\in E} \frac{PR_j}{L_j} \tag{10.1}$$

其中,PR_i 表示第 i 个网页的 PageRank 值,用以衡量每一个网页的排名,排名越高,则其 PR 值越大;PR_j 表示第 j 个网页的 PageRank 值;E 表示网页之间的链接集合,网页关系可以表示成一个有向图 $G=(V,E)$,边 (j,i) 代表了网页 j 链接到了网页 i;L_j 表示网页 j 链出的网页数,也可以看作网页 j 的外链数。

PageRank 算法的计算过程如图 10.9 所示。

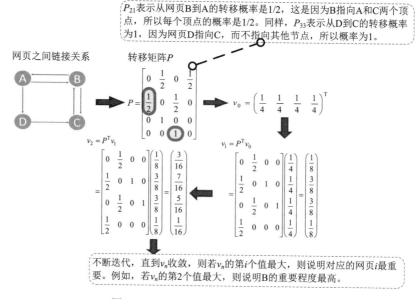

图 10.9   PR 值计算示例

10.4   PageRank 排序算法的优缺点

PageRank 排序算法的优点和缺点如图 10.10 所示。由于认为旧的页面等级会比新页面高,可能会造成 PR 值计算误差,因为即使是一个优秀网站的新页面也不会有很多上游链接,除非它是已经存在的某个网站的子站点。

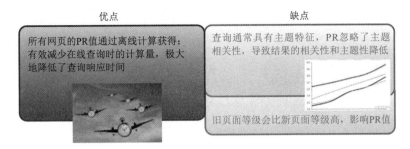

图 10.10　PageRank 排序算法优缺点

10.5　PageRank 排序实例：发现网页之间链接关系

现有 A、B、C、D、E 五个网页，它们之间的链接关系如图 10.11 所示，为了便于分析，现将它们的关系存储在文本文件中，如图 10.12 所示。

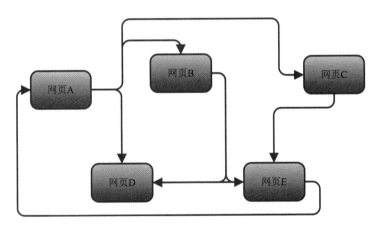

图 10.11　五个网页之间的链接关系

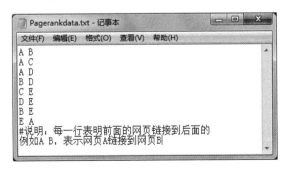

图 10.12　网页链接关系原始数据

实现它们根据 PageRank 算法进行排名的程序流程图如图 10.13 所示，程序实现的代码如下所示。

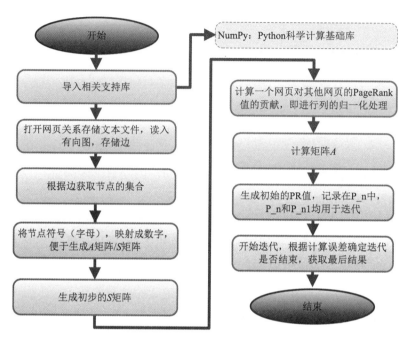

图 10.13　网页链接关系 PageRank 算法实现流程

```
#程序代码 10-1 Python 实现 PageRank 排序 名称: 10.1Pagerank.py
#-*- coding: utf-8 -*-
import numpy as np
if __name__ == '__main__':
    # 打开网页链接关系文本文件，读入网页关系有向图，存储边
f = open('C:/Pythonmachine/data/Pagerankdata.txt', 'r')
    #打开文本文件 Pagerankdata.txt，注意存储目录。若本代码不一样，需要进行修改
    #strip()方法用于移除字符串头尾指定的字符（默认为空格或换行符）或字符序列
    #spilt 去掉空格
    edges = [line.strip('\n').split(' ') for line in f]#处理边的信息
    print(edges)                                        #打印边信息
    #根据边获取节点的集合
    nodes = []                                          #定义变量 nodes
    for edge in edges:                                  #循环迭代
        if edge[0] not in nodes:                        #判断条件
            nodes.append(edge[0])                       #附加到最后
        if edge[1] not in nodes:
            nodes.append(edge[1])                       #附加到最后
```

```python
    print(nodes)                                    #打印节点信息
    N = len(nodes)                                  #获取节点数量，并赋值给 N
    #将节点符号（字母），映射成阿拉伯数字，便于后面生成 A 矩阵/S 矩阵
    i = 0                                           #定义变量 i
    node_to_num = {}                                #定义变量 node_to_num
    for node in nodes:                              #循环迭代处理
        node_to_num[node] = I                       #i 的值赋给 node_to_num
        i += 1                                      #i=-i+1
    for edge in edges:                              #分类存储
        edge[0] = node_to_num[edge[0]]
        edge[1] = node_to_num[edge[1]]
    print(edges)                                    #打印信息
    #生成初步的 S 矩阵
    S = np.zeros([N, N])                            #定义 S
    for edge in edges:                              #循环迭代
        S[edge[1], edge[0]] = 1                     #赋值为 1
    print(S)                                        #打印初步的 S 矩阵
    #计算比例：即一个网页对其他网页的 PageRank 值的贡献，即进行列的归一化处理
    for j in range(N):                              #循环处理
        sum_of_col = sum(S[:,j])                    #累加
        for i in range(N):                          #循环
            S[i, j] /= sum_of_col                   #求值
    print(S)                                        #打印 S 矩阵
    #计算矩阵 A
    alpha = 0.85                                    #定义变量 alpha
    A = alpha*S + (1-alpha) / N * np.ones([N, N])   #计算 A
    print(A)                                        #打印 A
    #生成初始的 PageRank 值，记录在 P_n 中，P_n 和 P_n1 均用于迭代
    P_n = np.ones(N) / N
    P_n1 = np.zeros(N)
    e = 100000                                      #误差初始化
    k = 0                                           #记录迭代次数
    print('loop...')                                #打印信息
    while e > 0.00000001:                           #开始循环迭代
        P_n1 = np.dot(A, P_n)                       #迭代公式
        e = P_n1-P_n                                #误差值
        e = max(map(abs, e))                        #计算最大误差
        P_n = P_n1                                  #迭代赋值
        k += 1                                      #k=k+1，每次加 1
        print('iteration %s:'%str(k), P_n1)         #打印输出信息
print('final result:', P_n)                         #打印输出信息
```

程序运行结果如图 10.14 所示。程序迭代了 71 次，最后得到一个数组，分别为 A、B、C、D、E 五个网页的 PR 值。根据 PR 值的取值大小，可以看出网页 E 最高排第一、A 排第二、D 排第三、B 和 C 相同，均最低。

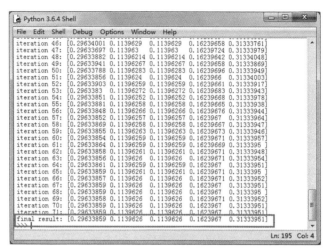

图 10.14　程序运行结果

为了直观地观察五个网页之间的关系，可以通过图形可视化的方式进行展示。实现可视化的程序流程如图 10.15 所示，程序代码如下所示。

```
#程序代码 10-2 python 实现 PageRank 排序可视化，使用 networkX 库实现：10.2PagerankVisual.py
import networkx as nx
import matplotlib.pyplot as plt
def buildDiGraph(edges):
    #初始化图，param edges：存储有向边的列表，返回使用有向边构造完毕的有向图
    G = nx.DiGraph()                          #DiGraph()表示有向图
    for edge in edges:
        G.add_edge(edge[0], edge[1])          #加入边
    return G
if __name__ == '__main__':
    edges = [("A", "B"), ("A", "C"), ("A", "D"), ("B", "D"), ("C", "E"), ("D",
"E"), ("B", "E"), ("E", "A")]
    G = buildDiGraph(edges)
    #绘制出图形
    layout = nx.spring_layout(G)
    nx.draw(G, pos=layout, with_labels=True, hold=False)
    #输出所有边的节点关系和权重
    plt.show()
    #最 Naive 的 pagerank 计算，最朴素的方式没有设置随机跳跃的部分，所以 alpha=1
```

```
pr_value = nx.pagerank(G, alpha=1)
print("naive pagerank 值是: ", pr_value)
#改进后的 pagerank 计算,随机跳跃概率为 20%,因此 alpha=0.8
pr_impro_value = nx.pagerank(G, alpha=0.8)
print("改进的 pagerank 值是: ", pr_impro_value)
```

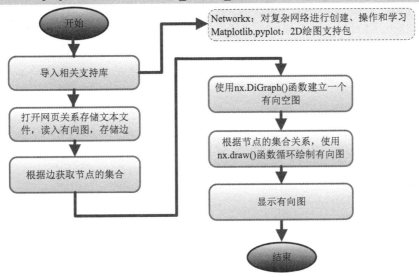

图 10.15　网页链接关系 PageRank 算法实现流程

可视化程序运行结果如图 10.16 所示。可以看出,有 B、D 和 C 三个网页指向了网页 E,而指向网页 A 的是网页 E,因此 A 的 PR 值也很高。

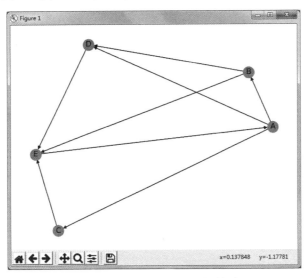

图 10.16　可视化网页之间关系

需要注意的是，运行该可视化程序需要安装 networkx 第三方库，如果没有安装，执行程序会报错，报错信息和解决方法如图 10.17 所示，安装成功后的界面信息如图 10.18 所示。

图 10.17　提示错误的解决方法

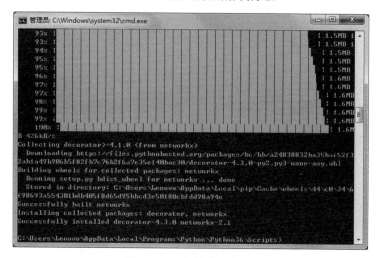

图 10.18　安装成功提示

第 11 章　EM 参数估计

参数估计是指从总体中抽取的随机样本，通过样本来估计总体分布中未知参数的过程，也是机器学习中常用的一类算法。本章首先介绍参数估计的应用场景，然后介绍极大似然估计、EM 算法原理，最后使用 Python 实现一个 EM 参数估计的实例。

11.1　参数估计应用场景

世界杯期间，很多人喜欢买足球彩票。现有甲、乙两支足球队要进行比赛，球迷小郑也喜欢买足球彩票，他认真地查询了以往这两支足球队的比赛记录，得出了甲队战胜乙队的概率（假设概率值为 p），并准备根据这个概率值去购买彩票。但是第二天早上被朋友小王问及甲队战胜乙队的概率时，小郑一时忘记了这个概率值是多少。他只记得昨天得出甲队战胜乙队的概率 p 的可能取值如图 11.1 所示，但记不清具体结果了。于是他在午休时开始翻看自己携带的一些球队资料，发现上月某日的比赛中甲乙两队以平局收场。分析后小郑认为概率为 0.5 的可能性最大，那么小郑是怎么推断出来的呢？实际上他的推理过程在不知不觉中使用了极大似然估计的参数估计方法，那么具体是怎么分析出来的呢？本章我们将学习参数估计的相关内容。

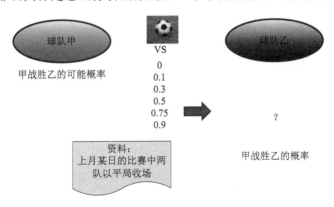

图 11.1　参数估计应用场景

11.2　极大似然估计

放暑假后，返回家乡度假的大学生小明受邀和叔叔一起去村后的山上打猎游玩，该同学的叔叔是本村的一位猎人，他们正在行走间，突然一只野兔从他们前方窜过。只听一声枪响，野兔应声倒下，现在让你推测这一发命中打倒野兔的子弹是谁打出的？

仔细一想，一枪便命中野兔应该是小明的叔叔，因为猎人叔叔打中的概率一定大于不是猎人的小明的概率。这个推断就体现了极大似然法的思想。

极大似然估计是一种参数估计的方法。具体含义是：已知某个随机样本满足某种概率分布（但是不知道具体参数），通过多次试验，观察试验结果，利用结果推出参数的大概值的一种方法。极大似然估计的思想就是已知某个参数能使这个样本出现的概率最大，就不会再去选择其他小概率的样本，所以干脆就把这个参数作为估计的真实值。求极大似然函数估计值的一般步骤如图 11.2 所示。

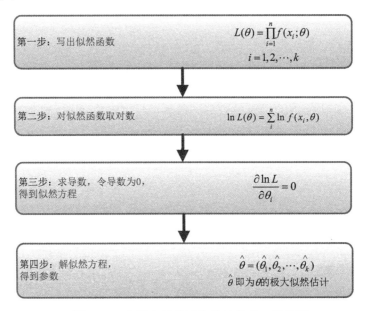

图 11.2　求极大似然函数估计值的一般步骤

使用极大似然法时一定要知道总体分布形式，并且通常似然方程组的求解比较复杂，需要在使用程序通过迭代运算的过程计算出其近似解，而并不是通过求导数的方式获得极大似然估计值。

极大似然估计在生活中最简单的应用就是当然性，即对事情最有可能出现哪种情况的判断，想着就最有可能是那样，其实里面就包含了极大似然估计的原理。

11.3　EM 算法原理

EM 算法（Expectation Maximization Algorithm，最大期望算法，也称为期望最大化算法）属于无监督学习算法，是一种迭代的算法，用于含有隐变量的概率模型参数的极大似然估计或极大后验概率估计。

11.3.1　EM 算法和极大似然法对比

一个概率模型有时候既含有观察变量，又含有隐变量。观察变量可以用极大似然法（或者贝叶斯）估计未知参数，如果含有隐变量就需要通过 EM 算法来解决，图 11.3 中可通过例子给出了隐变量的含义。

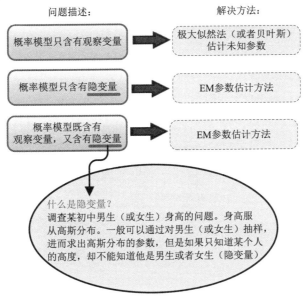

图 11.3　EM 算法和最大似然法用于解决不同问题

11.3.2　最大似然法和 EM 算法解决硬币概率问题

假设有两枚硬币 A 和 B，以相同的概率从中随机选择一个硬币，进行抛硬币实验方案如下：共做 5 次实验，每次实验独立地抛 10 次，假设 H 代表正面朝上，T 代表反面朝上。实验结果如图 11.4 所示。下面分两种情况进行考虑。

（1）记录了详细的试验数据，可以知道观测到实验数据中每次选择的是硬币 A 或者 B。

（2）没有记录每次实验使用的硬币 A 还是 B，无法观测实验数据中选择的硬币是哪个现在需要估计在两种情况下硬币 A 和 B 正面出现的概率。

对于第一种情况，由于已知是 A 或是 B 硬币抛出的结果的时候，可以直接采用极大似然估计概率的方法求解，求解过程如图 11.4 所示。

对于第二种情况，由于含有隐变量（没有记录每次实验使用的硬币 A 还是 B），就需要采用 EM 算法进行求解了。求解过程如图 11.5 所示。

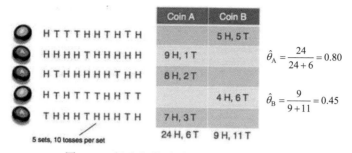

图 11.4　极大似然法估计硬币正面出现的概率

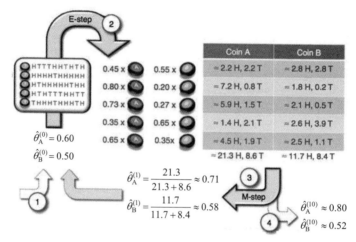

图 11.5　EM 算法估计硬币正面出现的概率

11.3.3　EM 算法迭代过程

EM 算法的每次迭代由 E 步和 M 步组成，如图 11.6 所示。所以这一算法称为期望极大算法（简称 EM 算法）。

图 11.6　EM 算法基本过程

11.3.4　EM 算法的坐标上升法

EM 算法也称为坐标上升法，坐标上升的含义如图 11.7 所示。查看图中直线式迭代优化的路径，可见 EM 算法每一步的路线都平行于坐标轴，向最优值的目标前进，每一步只优化一个变量。由于曲线函数不能直接求导，因此不能使用梯度下降方法进行求解。

但是在固定一个变量后，另外一个可以通过求导得到，因此使用坐标上升法可以一次固定一个变量，对另外的变量求极值，最后逐步逼近极值。对应到 EM 算法上，在 E 步：固定 θ，优化 Q；在 M 步：固定 Q，优化 θ，从而交替将极值推向最大，完成求解的过程。

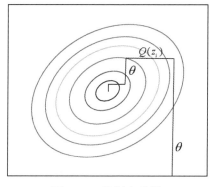

图 11.7　坐标上升法

11.4　使用 EM 算法实现参数估计实例

11.4.1　实例 1：质量分布数据参数估计

假设某轴承制造企业有两批轴承质量检测数据，它们分别满足以下两个正态分布

$$x_1 \sim N(\mu_1, \sigma_1^2) \tag{11.1}$$
$$x_2 \sim N(\mu_2, \sigma_2^2) \tag{11.2}$$

其中 μ_1 和 μ_2 未知，$\sigma_1^2 = \sigma_2^2$，但是具体的某个 x_i 是由哪个正态分布产生，这是一个涉及隐变量的问题，无法使用极大似然法进行估计，可以考虑使用 EM 算法编程实现对参数 μ_1 和 μ_2 进行估计，程序实现流程如图 11.8 所示。

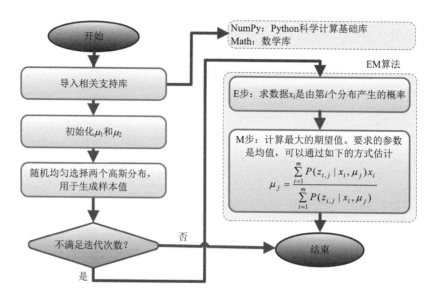

图 11.8　EM 算法实现流程

```
#程序代码 11-1 Python、TensorFlow 实现参数估计 名称：EMmethodmiu.py
#coding:utf-8
from __future__ import division
from numpy import *
import math as mt
#首先生成一些用于测试的样本
#指定两个高斯分布的参数，这两个高斯分布的方差相同
sigma = 6
miu_1 = 40
miu_2 = 20
#随机均匀选择两个高斯分布，用于生成样本值
N = 1000
X = zeros((1, N))
for i in range(N):
    if random.random() > 0.5:              #使用的是 NumPy 模块中的 random
        X[0, i] = random.randn() * sigma + miu_1
    else:
        X[0, i] = random.randn() * sigma + miu_2
#上述步骤已经生成样本
#生成的样本，使用 EM 算法计算其均值 miu
#取 miu 的初始值
k = 2
miu = random.random((1, k))
#miu = mat([40.0, 20.0])
Expectations = zeros((N, k))
```

```
for step in range(1000):#设置迭代次数
    #1.计算期望
    for i in range(N):
        #计算分母
        denominator = 0
        for j in range(k):                        #循环迭代
            denominator = denominator + mt.exp(-1 / (2 * sigma ** 2) * (X[0, i] -
                          miu[0, j]) ** 2)

        #计算分子
        for j in range(k):                        #循环迭代
            numerator = mt.exp(-1 / (2 * sigma ** 2) * (X[0, i] - miu[0, j]) ** 2)
            Expectations[i, j] = numerator / denominator
    #2.求期望的最大
    oldMiu = zeros((1, k))                         #定义 oldMiu，赋值
    for j in range(k):                             #循环迭代
        oldMiu[0, j] = miu[0, j]
        numerator = 0
        denominator = 0
        for i in range(N):                         #循环迭代，计算数学期望
            numerator = numerator + Expectations[i, j] * X[0, i]
            denominator = denominator + Expectations[i, j]
        miu[0, j] = numerator / denominator        #计算 miu[0, j]
    #判断是否满足要求
    epsilon = 0.0001                               #定义误差值
    if sum(abs(miu - oldMiu)) < epsilon:           #如果满足精度条件
        break                                      #停止运行
#打印输出迭代次数和参数估计值
print (step)
print (miu)
```

程序运行结果如图 11.9 所示，经过 12 次迭代获取了最后的参数 μ_1 和 μ_2 的值。

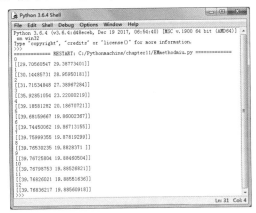

图 11.9　程序运行结果

11.4.2 实例 2：在高斯混合模型中的应用

随机从 4 个高斯模型（高斯模型就是用高斯概率密度函数精确地量化事物，将事物分解为若干个基于高斯概率密度函数形成的模型）中生成 500 组二维数据，真实参数为：混合项 $w=[0.15, 0.25, 0.35, 0.45]$，均值 $\mu =[[10,30], [20,45], [15,25], [40,15]]$，协方差矩阵 $\Sigma=[[20,0], [0,20]]$。

现在要求以这些数据作为观测数据，根据 EM 算法来估计以上参数，程序代码如下。

```python
#程序代码 11-2 Python EM 算法在高斯混合模型中的应用 名称：EMmethodGauss.py
#-*- coding: utf-8 -*-
import math
import copy
import numpy as np
import matplotlib.pyplot as plt
from mpl_toolkits.mplot3d import Axes3D
import matplotlib
zhfont1 = matplotlib.font_manager.FontProperties(fname='C:\Windows\Fonts\
STXINGKA.TTF')
#生成随机数据和 4 个高斯模型
def generate_data(sigma,N,mu1,mu2,mu3,mu4,alpha):
    global X                                #可观测数据集
    X = np.zeros((N, 2))                     #初始化 X, 2 行 N 列。二维数据, N 个样本
    X=np.matrix(X)
    global mu                                #随机初始化 mu1,mu2,mu3,mu4
    mu = np.random.random((4,2))
    mu=np.matrix(mu)
    global excep                             #期望第 i 个样本属于第 j 个模型的期望概率
    excep=np.zeros((N,4))
    global alpha_                            #初始化混合项系数
    alpha_=[0.25,0.25,0.25,0.25]
    for i in range(N):
        if np.random.random(1) < 0.1:        #生成 0～1 之间随机数
            X[i,:] = np.random.multivariate_normal(mu1, sigma, 1)
            #使用第一个高斯模型生成二维数据
        elif 0.1 <= np.random.random(1) < 0.3:
            X[i,:] = np.random.multivariate_normal(mu2, sigma, 1)
            #使用第二个高斯模型生成二维数据
        elif 0.3 <= np.random.random(1) < 0.6:
            X[i,:] = np.random.multivariate_normal(mu3, sigma, 1)
```

```
                #使用第三个高斯模型生成二维数据
        else:
            X[i,:] = np.random.multivariate_normal(mu4, sigma, 1)
                #使用第四个高斯模型生成二维数据
    print("可观测数据: \n",X)                        #输出可观测样本数据
    print("初始化的 mu1, mu2, mu3, mu4: ",mu) #输出初始化的 miu
#定义 e_step(函数, 输入参数为 sigma,k,N
def e_step(sigma,k,N):
    global X                                         #定义全局变量 X
    global mu#                                       #定义全局变量 mu
    global excep                                     #定义全局变量 excep
    global alpha_                                    #定义全局变量 alpha_
    for i in range(N):                              #循环迭代处理赋值
        denom=0
        for j in range(0,k):
            denom += alpha_[j]*math.exp(-(X[i,:]-mu[j,:])*sigma.I*np.transpose
                (X[i,:]-mu[j,:]))/np.sqrt (np.linalg.det(sigma))
                    #分母
        for j in range(0,k):
            numer = math.exp(-(X[i,:]-mu[j,:])*sigma.I*np.transpose(X[i,:]-mu[j,:]))
                /np.sqrt(np.linalg.det(sigma))          #分子
            excep[i,j]=alpha_[j]*numer/denom    #求期望
    print("隐藏变量: \n",excep)                       #打印输出信息
#定义 m_step(函数, 输入参数为 k,N
  def m_step(k,N):
    global excep                                     #定义全局变量 excep
    global X                                         #定义全局变量 X
    global alpha_                                    #定义全局变量 alpha_
    for j in range(0,k):                            #循环迭代计算分子、分母
        denom=0                                      #分母
        numer=0                                      #分子
        for i in range(N):
            numer += excep[i,j]*X[i,:]
            denom += excep[i,j]
        mu[j,:] = numer/denom                        #求均值
        alpha_[j]=denom/N                            #求混合项系数
  if __name__ == '__main__':                        #主函数
    iter_num=1000                                    #定义迭代次数
    N=500                                            #定义样本数目
    k=4                                              #定义高斯模型数
```

```
    probility = np.zeros(N)                          #混合高斯分布
    u1=[10,30]
    u2=[20,45]
    u3=[15,25]
    u4=[40,15]
    sigma=np.matrix([[20, 0], [0, 20]])              #协方差矩阵
    alpha=[0.15,0.25,0.35,0.45]                      #混合项系数
    generate_data(sigma,N,u1,u2,u3,u4,alpha)  #产生数据
    #迭代计算
    for i in range(iter_num):
        err=0                                        #均值误差定义
        err_alpha=0                                  #定义混合项系数误差
        Old_mu = copy.deepcopy(mu)
        Old_alpha = copy.deepcopy(alpha_)
        e_step(sigma,k,N)                            #E 步执行
        m_step(k,N)                                  #M 步执行
        print("迭代次数:",i+1)                        #输出信息
        print("估计的均值:",mu)                       #输出信息
        print("估计的混合项系数:",alpha_)             #输出信息
        for z in range(k):
            err += (abs(Old_mu[z,0]-mu[z,0])+abs(Old_mu[z,1]-mu[z,1]))        #计算
误差情况
            err_alpha += abs(Old_alpha[z]-alpha_[z])
        if (err<=0.001) and (err_alpha<0.001): #达到精度后退出迭代过程
            print(err,err_alpha)
            break
    #可视化结果原始数据及分类结果
    #绘制生成的原始数据图
    plt.subplot(221)
    plt.scatter(X[:,0].tolist(), X[:,1].tolist(),c='b',s=25,alpha=0.4,marker='o')
    #定义 T 为散点颜色，s 为散点大小，alpha 为透明度，marker 为散点形状
    plt.title('随机产生的数据',fontproperties=zhfont1)
    #绘制分类好的数据图
    plt.subplot(222)
    plt.title('使用 EM 算法分类的数据',fontproperties=zhfont1)
    order=np.zeros(N)                                #使用 np.zeros 函数赋值
    color=['b','r','k','y']                          #定义颜色变量
    for i in range(N):                               #循环迭代处理
        for j in range(k):
            if excep[i,j]==max(excep[i,:]):
```

```
            order[i]=j                        #选出 X[i,:]属于第几个高斯模型
    probility[i] += alpha_[int(order[i])]*math.exp(-(X[i,:]-mu[j,:])
                    *sigma.I*np.transpose(X[i,:]-mu[j,:]))/(np.sqrt
                    (np.linalg.det (sigma))*2*np.pi)       #计算混合高斯分布
    plt.scatter(X[i, 0], X[i, 1], c=color[int(order[i])], s=25, alpha=0.4,
        marker='o')                           #绘制分类后的散点图
#绘制数据的三维图像
ax = plt.subplot(223, projection='3d')        #绘制子图
plt.title('三维视图',fontproperties=zhfont1)   #设置标题
for i in range(N):                            #循环迭代
    ax.scatter(X[i, 0], X[i, 1], probility[i], c=color[int(order[i])])
#绘制散点图
plt.show()                                    #显示图形
```

程序运行结果如图 11.10 所示，经过 16 次迭代获取了各个参数的估计值，程序的可视化图形显示如图 11.11 所示。其中，图 11.11（a）所示为生成的观测数据，图 11.11（b）所示为分类后的结果，图 11.11（c）所示为高斯混合模型的三维可视化图。

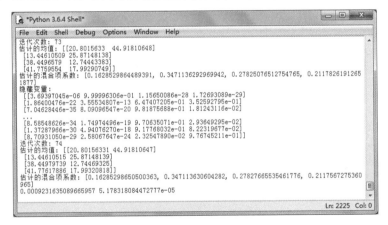

图 11.10　程序运行后参数估计结果

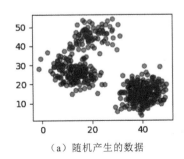

（a）随机产生的数据

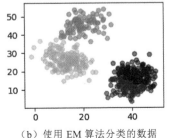

（b）使用 EM 算法分类的数据

（c）三维视图

图 11.11　程序运行的可视化结果

147

第 12 章　半监督学习

　　半监督学习是机器学习领域研究的重点问题,是监督学习与无监督学习相结合的一种学习方法。本章介绍半监督学习的应用场景、半监督学习的基本概念、半监督学习常用的几种方法、基于图的半监督学习、标签传播算法的原理和算法流程等内容,最后给出使用 Python 语言结合标签传播算法实现半监督学习分类的实例。

12.1　半监督学习应用场景

　　在视频监控、智能交通、人机交互、虚拟现实等众多领域需要识别出人体的轮廓,并对人的行为进行追踪,所以行人检测技术在这些领域得到了广泛应用。其中基于视觉的行人检测技术是最重要的技术之一,主要通过摄像头采集图片,通过对比分析,实现对人体的检测、跟踪、轨迹分析以及行为识别,如图 12.1 所示。通过这种人体检测技术,很多监控系统可实时检测异常事件并报警,变被动监视为主动预警。例如,城市博物馆视频监控到游客有毁坏文物的倾向,就会立刻派工作人员进行干预。行人检测除了具有服饰变化、姿态变化、模式多样等难点外,还具有中远距离行人分辨率低、特征信息不明显、场景复杂多变等问题,这些困难使得行人检测成为一个极具挑战性的问题。如何实现效果更好的行人检测呢?有很多种方法可以进行人的行为检测,而应用半监督学习结合的方法无疑是一种高效有用的方法。

图 12.1　半监督学习行人检测应用(背景图片来自百度图片)

12.2 半监督学习概述

在正式学习半监督学习之前，首先了解一下监督学习、半监督学习和无监督学习的区别。它们之间的区别主要在于训练集中是否包括训练数据的标签，具体说明如图 12.2 所示。

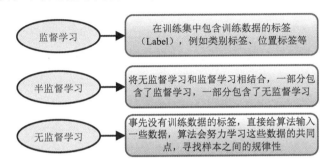

图 12.2 监督学习、半监督学习和无监督学习区别

在机器学习的应用中，很容易找到海量的无类标签的样本，但需要通过实验过程进行人工标记得到有类标签的样本，这个实验过程比较费时费力，可以产生极少量的有类标签的样本和过剩的无类标签的样本。如何解决这个问题呢？可以将大量的无类标签和有类标签的样本组合在一起训练，获得分类结果，这实际上就是半监督学习过程，如图 12.3 所示。所以说半监督学习是监督学习与无监督学习相结合的一种学习方法，所给的数据有的是有标签的，而有的是没有标签的。

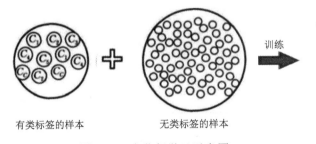

图 12.3 半监督学习示意图

为什么需要使用半监督学习而不使用监督学习呢？因为在实际生活中缺乏的不是数据，而是带标签的数据。数据可以获取，但是给收集的数据进行标记需要付出大量的精力和时间，所以成本比较高。其实人类通常也是使用半监督学习的方式不断充实和完善自己的知识体系。

半监督学习的成立依赖于三个模型假设，当这三个模型假设能够正确存在时，无类标签的样例能够帮助改进学习的效果性能。半监督学习的三个假设如图 12.4 所示。

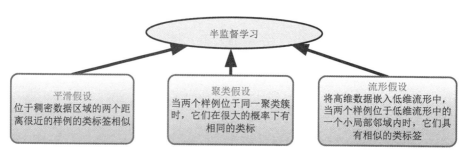

图 12.4   半监督学习的三个假设

12.3   半监督学习方法

和监督学习类似，半监督学习也可以实现分类、回归、聚类和降维的功能，但是每一种方法使用的具体方法不同。具体可以使用的方法如图 12.5 所示。

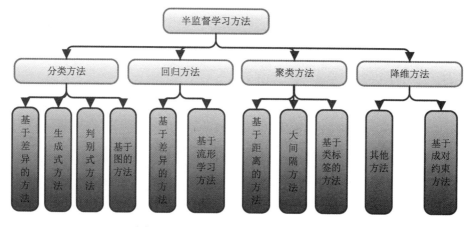

图 12.5   半监督学习不同类别的方法

12.4   基于图的半监督学习

基于图的半监督学习算法是基于流形假设的一种算法。它假设所有的样本点（包括已标记与未标记）以及它们之间的关系可以表示为一个无向图的形式：$G=<V,E>$，如图 12.6 所示。基于图的半监督学习算法的优化目标，就是要保证在已标记点上的结果尽量符合而且满足流形假设。

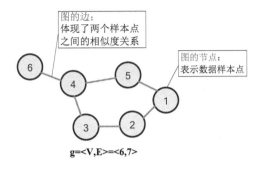

图 12.6　样本点构成的图

标记传播算法（Label Propagation，LP 算法）是典型的基于图的半监督学习算法，标签传播算法主要通过节点之间的边传播标签（Label）。边的权重越大，表示两个节点越相似，那么标签越容易传播过去。

12.4.1　构建相似矩阵

LP 算法是基于图的，因此需要先构建一个图。为所有的数据构建一个图，图的节点就是一个数据点，包含已打标签（Labeled）和未打标签（Unlabeled）的数据。节点 i 和节点 j 的边表示它们的相似度。有多种方法构建图，假设图是全连接的，节点 i 和节点 j 的边权重表示为：

$$\omega_{ij} = \exp\left(-\frac{\|x_i - x_j\|^2}{\alpha^2}\right) \tag{12.1}$$

其中 α 是超参数。

另外，还有一种常用的图构建方法叫 KNN 图，KNN 图构建时只保留每个节点的 k-近邻权重，其他的都为 0，也就是不存在边，因此是稀疏的相似矩阵。

基于图的半监督学习算法会涉及邻接矩阵、度矩阵和拉普拉斯矩阵。先根据图模型产品邻接矩阵、度矩阵，然后给图中的边给予一定的权值，根据这些权值建立其拉普拉斯矩阵，具体过程如图 12.7 所示。

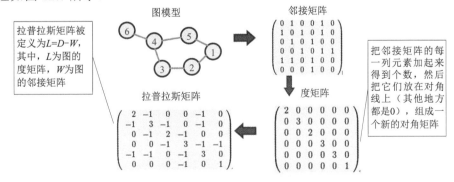

图 12.7　拉普拉斯矩阵构建过程

12.4.2　LP 算法

LP 算法的思想就是通过节点之间的边传播标签。边的权重越大，表示两个节点越相似，那么标签越容易传播过去，定义一个 $N \times N$ 的概率转移矩阵 P 为

$$P_{ij} = P(i \rightarrow j) = \frac{\omega_{ij}}{\sum_{k=1}^{n} \omega_{ik}} \tag{12.2}$$

其中，P_{ij} 表示从节点 i 转移到节点 j 的概率。LP 算法流程如图 12.8 所示。

图 12.8 中 soft label（软标签）的含义是，保留样本 i 属于每个类别的概率，而不是互斥性的。最后确定这个样本 i 的类别的时候，取概率最大的那个类作为它的类别的。那矩阵 F 里面有个 Y_U 矩阵初始值可以自行设置。

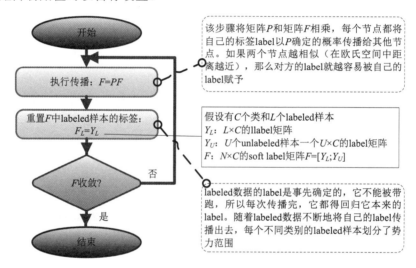

图 12.8　LP 算法流程

基于图的算法的计算开销很大，很难应用到大数据分类的实际项目中，如何降低计算开销使其能够更实用成为这类算法的重要研究目标。

12.5　Python 实现标签传播算法

本节使用 Python 实现标签传播程序并进行简单应用。程序代码中实现了两种图的构建方法：RBF（Radical Basis Function，径向基函数神经网络）和 KNN。RBF 模型如图 12.9 所示，RBF 是一种高效的前馈式神经网络，它具有最佳逼近性能和全局最优特性、结构简单、训练速度快的特点。RBF 的激活函数是以输入向量和权值向量之间的距离||dist||作为自变量的。

该案例中将生成两个数据集，实验使用标签传播算法实现分类。程序实现算法流程如图 12.10 所示。

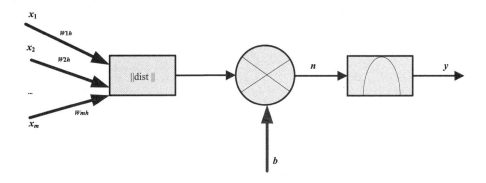

图 12.9 RBF 模型示意图

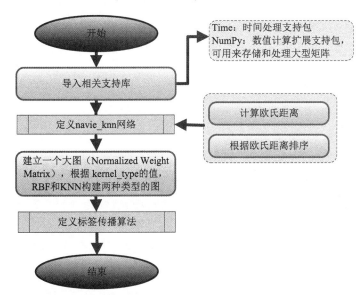

图 12.10 LP 算法程序实现流程

基于图的半监督学习标签传播算法的 Python 实现程序代码如下。

```
#程序代码12.1 Python 实现基于图的半监督学习标签传播算法 名称：labelpropagation.py
import time
import numpy as np
#返回 k neighbors index
#定义 navie_knn 函数，输入参数：dataSet, query, k
def navie_knn(dataSet, query, k):
```

```
    numSamples = dataSet.shape[0]
    #步骤1：计算欧氏距离
    diff = np.tile(query, (numSamples, 1)) - dataSet
    squaredDiff = diff ** 2
    squaredDist = np.sum(squaredDiff, axis = 1) # sum is performed by row
    #步骤2：对距离排序
    sortedDistIndices = np.argsort(squaredDist)
    if k > len(sortedDistIndices):
        k = len(sortedDistIndices)
    return sortedDistIndices[0:k]  #返回排序后的距离
#建立一个大图 (Normalized Weight Matrix)
#定义buildGraph函数，输入参数MatX, kernel_type, rbf_sigma = None, knn_num_neighbors = None
def buildGraph(MatX, kernel_type, rbf_sigma = None, knn_num_neighbors = None):
    num_samples = MatX.shape[0]   #定义变量 num_samples
    affinity_matrix = np.zeros((num_samples, num_samples), np.float32)
    #定义变量 affinity_matrix
    if kernel_type == 'rbf':                              #判断是否满足条件，是否是 rbf 类型
        if rbf_sigma == None:                            #进一步判断条件


            raise ValueError('You should input a sigma of rbf kernel!')#返回错误
信息
        for i in range(num_samples):                     #循环迭代处理
            row_sum = 0.0
            for j in range(num_samples):                 #循环迭代处理
                diff = MatX[i, :] - MatX[j, :]           #计算距离 diff 的值
                affinity_matrix[i][j] = np.exp(sum(diff**2) / (-2.0 * rbf_sigma**2))
                                                         #变量 affinity_matrix 赋值
                row_sum += affinity_matrix[i][j]         #相加
            affinity_matrix[i][:] /= row_sum             #除以行数量 row_sum
    elif kernel_type == 'knn':                           #如果是 knn 类型
        if knn_num_neighbors == None:                    #进一步判断
            raise ValueError('You should input a k of knn kernel!')  #错误信息
        for i in range(num_samples):  #循环迭代处理，使用navie_knn函数计算k_neighbors
            k_neighbors = navie_knn(MatX, MatX[i, :], knn_num_neighbors)
            affinity_matrix[i][k_neighbors] = 1.0 / knn_num_neighbors  #计算结果加1
    else:
        raise NameError('Not support kernel type! You can use knn or rbf!')
        #输出错误信息
    return affinity_matrix                               #返回 affinity_matrix
#labelpropagation 标签传播算法
```

```python
def labelPropagation(Mat_Label, Mat_Unlabel, labels, kernel_type = 'rbf', rbf_sigma =
        1.5, \
                    knn_num_neighbors = 10, max_iter = 500, tol = 1e-3):
    #initialize 初始化
    num_label_samples = Mat_Label.shape[0]          #有标签样本数量
    num_unlabel_samples = Mat_Unlabel.shape[0]       #无标签样本数量
    num_samples = num_label_samples + num_unlabel_samples    #相加得到总样本数量
    labels_list = np.unique(labels)  #去除 labels 数组中的重复数据，并进行排序之后输出
    num_classes = len(labels_list)                   #得到 labels_list 的长度
    MatX = np.vstack((Mat_Label, Mat_Unlabel))       #实现数组垂直合并
    #返回一个给定形状和类型且用 0 填充的数组
    clamp_data_label = np.zeros((num_label_samples, num_classes), np.float32)
    for i in range(num_label_samples):               #循环迭代
        clamp_data_label[i][labels[i]] = 1.0         #赋值为 1.0
    label_function = np.zeros((num_samples, num_classes), np.float32)
    #label_function 赋值为 0 填充
    label_function[0 : num_label_samples] = clamp_data_label    #循环赋值
    label_function[num_label_samples : num_samples] = -1
    #构建图
    affinity_matrix = buildGraph(MatX, kernel_type, rbf_sigma, knn_num_neighbors)
    #开始标签传播
    iter = 0; pre_label_function = np.zeros((num_samples, num_classes), np.float32)
    changed = np.abs(pre_label_function - label_function).sum()

    while iter < max_iter and changed > tol:         #如果满足迭代条件
        if iter % 1 == 0:                            #满足 iter % 1 == 0
            print ("---> 迭代 %d/%d, changed: %f" % (iter, max_iter, changed))
            #打印信息
        pre_label_function = label_function          #赋值给 pre_label_function
        iter += 1                                    #iter = iter +1
        #propagation 传播，使用 np.dot 函数计算矩阵乘积
        label_function = np.dot(affinity_matrix, label_function)
        #将标签的数值限制在区间（一系列的值）内
        label_function[0 : num_label_samples] = clamp_data_label
        #check converge，计算数组各元素的绝对值
        changed = np.abs(pre_label_function - label_function).sum()
    #得到为分类标签数据的类别
    unlabel_data_labels = np.zeros(num_unlabel_samples)  #赋值
    for i in range(num_unlabel_samples):                 #循环迭代
    #取出 (label_function[i+num_label_samples] 中元素最大值所对应的索引
```

```
        unlabel_data_labels[i] = np.argmax(label_function[i+num_label_samples])
    return unlabel_data_labels
```

测试程序的实现流程如图 12.11 所示，程序代码如下所示。

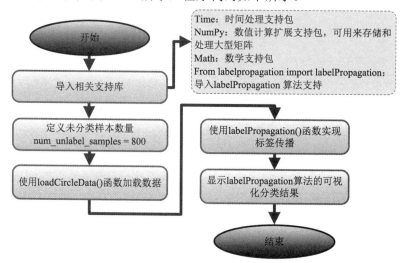

图 12.11 LP 算法应用程序流程

```
#程序代码 12-2 Python 实现使用标签传播算法分类 名称：testlp.py
import time
import math
import numpy as np
from labelpropagation import labelPropagation #导入定义的 labelPropagation 程序
#定义 show 函数，输入变量为 Mat_Label, labels, Mat_Unlabel, unlabel_data_labels
def show(Mat_Label, labels, Mat_Unlabel, unlabel_data_labels):
    import matplotlib.pyplot as plt
    for i in range(Mat_Label.shape[0]):          #循环遍历处理分类的数据
        if int(labels[i]) == 0:                  #如果满足条件 int(labels[i]) == 0
            plt.plot(Mat_Label[i, 0], Mat_Label[i, 1], 'Dr')    #以 Dr 绘制图形
        elif int(labels[i]) == 1:                #如果满足条件 int(labels[i]) == 1
            plt.plot(Mat_Label[i, 0], Mat_Label[i, 1], 'Db')    #以 Db 绘制图形
        else:
            plt.plot(Mat_Label[i, 0], Mat_Label[i, 1], 'Dy')    #以 Dy 绘制图形
    for i in range(Mat_Unlabel.shape[0]):         #循环遍历处理未分类的数据
        if int(unlabel_data_labels[i]) == 0:  #如果满足条件 unlabel_data_labels[i]
            plt.plot(Mat_Unlabel[i, 0], Mat_Unlabel[i, 1], 'or')
        elif int(unlabel_data_labels[i]) == 1:
            plt.plot(Mat_Unlabel[i, 0], Mat_Unlabel[i, 1], 'ob')
```

```
        else:
            plt.plot(Mat_Unlabel[i, 0], Mat_Unlabel[i, 1], 'oy')
    #绘制分类图形
    plt.xlabel('X1'); plt.ylabel('X2')          #X 和 Y 轴标注
    plt.xlim(0.0, 12.)                          #X 轴设置的取值区间
    plt.ylim(0.0, 12.)                          #Y 轴设置的取值区间
    plt.show()                                  #显示图形
#定义 loadCircleData 函数，输入参数为 num_data
def loadCircleData(num_data):
    center = np.array([5.0, 5.0])               #定义中心点坐标
    radiu_inner = 2                             #定义内圆半径值
    radiu_outer = 4                             #定义外圆半径值
    num_inner = int(num_data / 3)               #计算内圆数量 num_inner
    num_outer = num_data - num_inner            #计算外圆数量 num_outer
    data = []
    theta = 0.0
    for i in range(num_inner):                  #循环迭代处理
        pho = (theta % 360) * math.pi / 180     #计算 pho
        tmp = np.zeros(2, np.float32)           #定义 tmp，并赋初值
        tmp[0] = radiu_inner * math.cos(pho) + np.random.rand(1) + center[0]   #计算tmp[0]
        tmp[1] = radiu_inner * math.sin(pho) + np.random.rand(1) + center[1]   #计算tmp[1]
        data.append(tmp)                        #调用 data.sppend 函数，将数据追加到一起
        theta += 2                              # theta = theta + 2
    theta = 0.0                                 #循环迭代处理，处理过程同上面的循环
    for i in range(num_outer):
        pho = (theta % 360) * math.pi / 180
        tmp = np.zeros(2, np.float32)
        tmp[0] = radiu_outer * math.cos(pho) + np.random.rand(1) + center[0]
        tmp[1] = radiu_outer * math.sin(pho) + np.random.rand(1) + center[1]
        data.append(tmp)
        theta += 1                              # theta = theta + 1
    Mat_Label = np.zeros((2, 2), np.float32)
    Mat_Label[0] = center + np.array([-radiu_inner + 0.5, 0])
    Mat_Label[1] = center + np.array([-radiu_outer + 0.5, 0])
    labels = [0, 1]
    Mat_Unlabel = np.vstack(data)               #实现数组数据垂直合并
    return Mat_Label, labels, Mat_Unlabel       #返回数据
#定义 loadBandData 函数，输入参数为 num_unlabel_samples
def loadBandData(num_unlabel_samples):
```

```
    Mat_Label = np.array([[5.0, 2.], [5.0, 8.0]])        #定义 Mat_Label
    labels = [0, 1]                                      #定义分类标签
    num_dim = Mat_Label.shape[1]                         #得到 num_dim
    Mat_Unlabel = np.zeros((num_unlabel_samples, num_dim), np.float32)
    # Mat_Unlabel 赋值为 0
    #以下代码得到两类分类后数据
    Mat_Unlabel[:num_unlabel_samples/2, :] = (np.random.rand (num_unlabel_samples/2,
        num_dim) - 0.5) * np.array([3, 1]) + Mat_Label[0]
    Mat_Unlabel[num_unlabel_samples/2 : num_unlabel_samples, :] = (np.random.rand
        (num_unlabel_ samples/2, num_dim) - 0.5) * np.array([3, 1]) + Mat_Label[1]
    return Mat_Label, labels, Mat_Unlabel            #返回数据
#主函数
if __name__ == "__main__":
    num_unlabel_samples = 800                        #num_unlabel_samples 样本数量初值为 800
    #调用 loadCircleData 函数
    Mat_Label, labels, Mat_Unlabel = loadCircleData(num_unlabel_samples)
    #使用 rbf 时，sigma 参数的设置很重要。按照数据集选择的，具体要考虑
    #两个数据点直接的距离，它也会影响到收敛速度，所以使用 knn 内核更好、更稳定
    #unlabel_data_labels = labelPropagation(Mat_Label, Mat_Unlabel, labels,
                        kernel_type = 'rbf', rbf_sigma = 0.2)
    #调用 labelPropagation 函数使用标签传播算法，使用 knn 网络
    unlabel_data_labels = labelPropagation(Mat_Label, Mat_Unlabel, labels,
                        kernel_type = 'knn', knn_num_neighbors = 10, max_iter
= 300)
    show(Mat_Label, labels, Mat_Unlabel, unlabel_data_labels) #显示分类后的可视化
图形
```

程序迭代 10 次的运行结果如图 12.12 所示，绘制的分类可视化图形如图 12.13 所示。

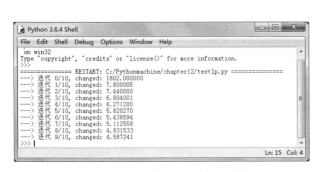

图 12.12 迭代次数为 10 时运行结果

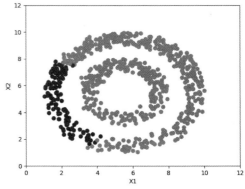

图 12.13 迭代次数为 10 时可视化分类结果

　　程序迭代 300 次的运行结果如图 12.14 所示，绘制的分类可视化图形如图 12.15 所示。在数值上可以看出随着迭代数值的变化过程是不断变小，逐渐收敛。

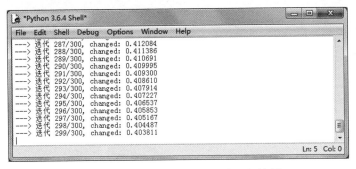

图 12.14　迭代次数为 300 时运行结果

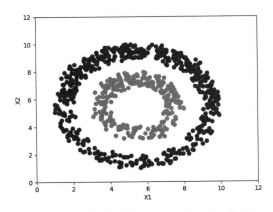

图 12.15　迭代次数为 300 时可视化分类结果

第 13 章 深 度 学 习

深度学习（Deep Learning）是近几年兴起的一种新的机器学习算法，已经在图像识别、语音识别等领域得到了较好的应用。本章主要介绍深度学习的应用场景、浅层学习和深度学习、深度学习与神经网络的关联关系、深度学习的训练过程、深度学习工具包 TensorFlow 的简介及应用方法等内容，最后给出一个使用 Python TensorFlow 实现深度学习的实例。

13.1 深度学习应用场景

美团是我们生活中经常使用到的团购网站，可以方便地进行订餐、看电影、旅游度假订机票和酒店等多种业务。你是否注意到美团有个"猜你喜欢"的栏目，如图 13.1 所示。

该栏目的使用场景接入了包括美食、旅游、外卖、酒店等多种业务，这些业务结合平台采集的用户数据（如性别、年龄、职业、所在地区、不同阶段浏览记录、购买记录等），以及各业务模块的供给、需求、季节、时间、天气、地理位置等多个条件，通过算法推荐给用户在启动美团 APP 或者登录美团网之后首先最希望看到的资讯信息，而这些推荐机制也能给用户带来良好的体验，最可能给平台快速带来订单。那么这样的应用是怎么实现的呢？答案就是网站背后使用了深度学习算法。

图 13.1 基于深度学习的美团"猜你喜欢"推荐信息栏目

13.2　浅层学习和深度学习

在本节中先了解一下与深度学习相关的如感知器、神经元、人工神经网络、梯度、梯度下降等一些基本概念。

13.2.1　感知器

1．人类智能和神经元

人类智能最重要的部分是大脑，人们依赖大脑实现了很多伟大的发明和创造。但是大脑虽然复杂，其组成单元却相对简单，大脑皮层以及整个神经系统都是由神经元细胞组成的。神经元细胞由树突和轴突构成，分别代表输入和输出。可以理解为神经元就是积累了足够的输入，就产生一次输出的装置，如图 13.2 所示。

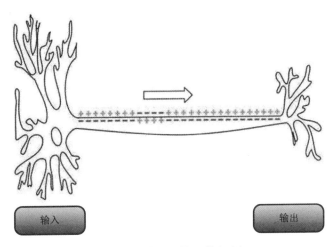

图 13.2　神经元的工作机制

2．感知器的概念和结构

在机器学习领域，有一类算法叫人工神经网络（Artificial Neural Networks，ANNs）。人工神经网络是一种算法数据模型，可以模仿动物神经网络行为特征，进行分布式并行信息处理的过程。人工神经网络的结构如图 13.3 所示。其中的圆圈代表一个神经元，每条连线表示神经元之间的连接；可以看出神经元被分成了输入层、隐藏层和输出层等层次，层与层之间的神经元有连接，但是层内的神经元之间却没有连接。

感知器是人工神经网络中的一种典型结构，主要特点是结构简单、容易收敛。感知器不仅仅能实现简单的布尔运算，还可以拟合线性函数，任何线性分类或线性回归问题都可以用感知器来解决。感知器的基本结构、输入、输出、权重的含义如图 13.4 所示。

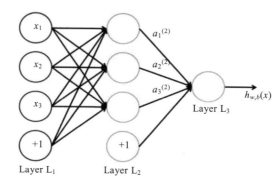

输入层：输入数据　　隐藏层　输出层：获取神经网络输出数据

图 13.3　神经网络的基本结构

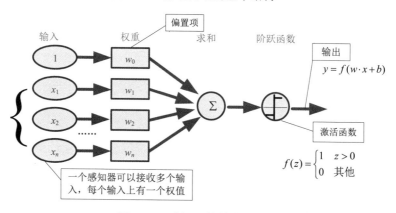

图 13.4　感知器的基本结构

3．感知器的 Python 实现

下面将采用 Python 语言编写感知器程序来实现逻辑和（and）函数的运算。程序流程如图 13.5 所示，程序代码如下所示。

```
#程序代码13-1 感知器网络，实现逻辑和（and）函数训练 名称：Perceptron.py
#coding utf-8
from functools import reduce
class perceptron(object):
    #初始化，输入训练数目，激活函数
    def __init__(self,input_num,activator):            #activator 为激活函数
        self.activator=activator
```

```
        self.weights=[0.0 for _ in range(input_num)] #权重初始化为0
        self.bias=0.0                                    #偏置初始化为 0.0
    #运算
    def operation(self,input_vec):
        #对激活函数中的参数作运算，x[0]代表 input_vec,x[1]代表 weights

        return self.activator(reduce(lambda a,b:a+b,map(lambda x:x[0]*x[1],
        zip(input_vec,self.weights)), 0.0)+self.bias) #0.0为 reduce 的初始计算值
    #权值更新
    def update(self,input_vec,output,label,rate):
        delta=label-output
        self.weights=list(map(lambda x:x[1]+rate*delta*x[0], zip(input_vec,
        self.weights)))                              #Python3.6 版本需要加上 list
        self.bias+=rate*delta
    #训练，输入数据及其对应标签、迭代次数、学习率
    def train(self,input_vecs,labels,iteration_num,rate):
        for i in range(iteration_num):              #iteration_num 次迭代
            samples=zip(input_vecs,labels)          #打包
            for (input_vec,label) in samples:
                output=self.operation(input_vec)    #计算输出值
                self.update(input_vec,output,label,rate)  #更新
    #预测
    def predict(self,input_vec):
        return self.operation(input_vec)
    #打印权重值、偏置
    def __str__(self):                              #内部函数
        return "weight: %s, bias: %f"%(self.weights,self.bias) #权重值返回用%s
'''实现和（and）函数功能'''
#激活函数为阶跃函数
def andActivator(x):
    if x>0:
        return 1
    else:
        return 0
#得到训练数据
def getTrainData():
    input_vecs=[[1,1],[1,0],[0,1],[0,0]]            #可重用多次循环迭代
    labels=[1,0,0,0]
    return input_vecs,labels
#训练感知机
def trainPerceptron():
    p=perceptron(2,andActivator)
```

```
    input_vecs,labels=getTrainData()
    p.train(input_vecs,labels,100,0.1)          #100 为迭代次数，0.1 为学习率
    return p
#主函数
if __name__=='__main__':
    train_perceptron=trainPerceptron()
    print(train_perceptron)

#测试
    print('感知器训练网络，训练逻辑和（and）函数')
    print('1 and 1 = %d' % train_perceptron.predict([1,1]))
    print('1 and 0 = %d' % train_perceptron.predict([1,0]))
    print('0 and 1 = %d' % train_perceptron.predict([0,1]))
    print('0 and 0 = %d' % train_perceptron.predict([0,0]))
```

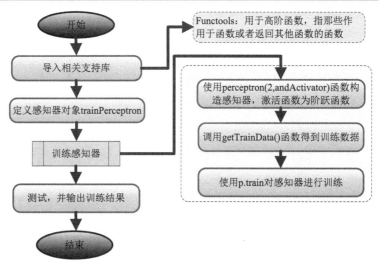

图 13.5　程序流程图

程序运行结果如图 13.6 所示。

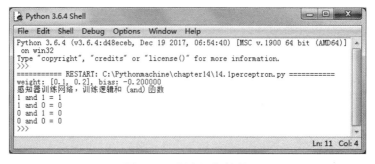

图 13.6　程序运行结果

13.2.2　浅层学习和深度学习对比

前面我们已经了解到了神经网络的结构，并且注意到图 13.3 的中间的隐藏层只有一层，所以这种神经网络也被称为浅层神经网络。隐藏层比较多（通常指大于 2）的神经网络叫作深度神经网络。而深度学习，指的就是使用这种深层架构的一种机器学习方法。

深层网络和浅层网络相比有什么优势呢？简单来说，深层网络的表达和处理能力更强。仅有一个隐藏层的神经网络就能拟合任何一个函数，但是它需要很多的神经元。而深层网络用很少的神经元就能拟合得到同样的函数，这可以节约更多资源但缺点是它不太容易训练，需要大量的数据和技巧才能训练好一个优秀的深层网络。浅层网络和深层网络的对比如图 13.7 所示。

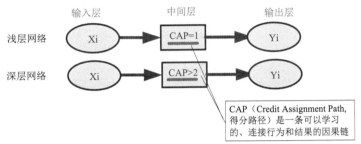

图 13.7　浅层网络和深层网络的对比

13.2.3　梯度和梯度下降

在神经网络的算法求解过程中会用到梯度。梯度是一个向量，它指向函数值上升最快的方向。显然，梯度的反方向就是函数值下降最快的方向。每次沿着梯度相反方向去修改函数的值，就能走到函数的最小值附近。梯度下降算法的公式如图 13.8 所示。

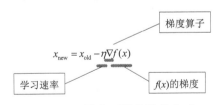

图 13.8　梯度下降算法的公式

13.2.4　神经网络和反向传播算法

1．BP 网络结构和反向传播算法流程

BP 反向传播是深度学习的基础，BP（Back Propagation，反向传播）算法，也称为误差逆传播算法，是实际应用最多的多层神经网络学习算法。

BP 算法采取基于梯度下降的策略，以目标的负梯度方向对参数进行调整，其目标是最小化训练误差。图 13.9 给出了一个 BP 神经网络的结构，该网络一共具有 9 个节点（输入层 3 个，隐藏层 4 个，输出层 2 个）。BP 反向传播算法的流程如图 13.10 所示。

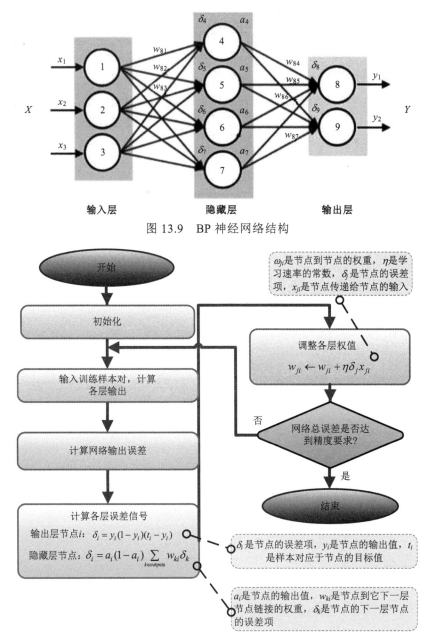

图 13.9 BP 神经网络结构

图 13.10 BP 反向传播算法流程

2. BP 传播算法的 Python 实现

下面将采用 Python 语言编写 BP 神经网络算法处理程序，实现逻辑 XOR 函数运算，XOR 逻辑运算规则如图 13.11 所示，程序流程如图 13.12 所示，程序代码如下所示。

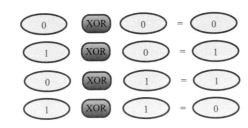

图 13.11　逻辑 XOR 运算规则

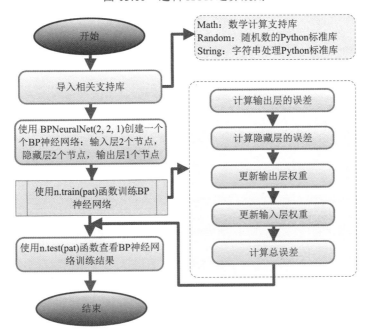

图 13.12　程序流程图

```
#程序代码 13-2 Python 实现 BP 神经网络，并对 XOR 函数训练 名称：BPNeuralNetwork.py
import math
import random
import string
random.seed(0)
#生成区间[a, b)内的随机数
def rand(a, b):
    return (b-a)*random.random() + a
```

```
#生成 I*J 大小的矩阵，默认零矩阵
def makeMatrix(I, J, fill=0.0):
    m = []
    for i in range(I):
        m.append([fill]*J)
    return m
#函数 sigmoid，采用 tanh 函数，比标准的 1/(1+e^-x) 更好
def sigmoid(x):
    return math.tanh(x)
#函数 sigmoid 的派生函数，为了得到输出 y
def dsigmoid(y):
    return 1.0 - y**2
class BPNeuralNet:
    ''' 建立三层反向传播神经网络 '''
    def __init__(self, ni, nh, no):
        #输入层、隐藏层、输出层的节点数
        self.ni = ni + 1    #增加一个偏差节点
        self.nh = nh
        self.no = no
        #激活神经网络的所有节点（向量）
        self.ai = [1.0]*self.ni
        self.ah = [1.0]*self.nh
        self.ao = [1.0]*self.no
        #建立权重（矩阵）
        self.wi = makeMatrix(self.ni, self.nh)
        self.wo = makeMatrix(self.nh, self.no)
        #设为随机值
        for i in range(self.ni):
            for j in range(self.nh):
                self.wi[i][j] = rand(-0.2, 0.2)
        for j in range(self.nh):
            for k in range(self.no):
                self.wo[j][k] = rand(-2.0, 2.0)
        #建立动量因子（矩阵）
        self.ci = makeMatrix(self.ni, self.nh)
        self.co = makeMatrix(self.nh, self.no)
    def update(self, inputs):
        if len(inputs) != self.ni-1:
            raise ValueError('与输入层节点数不符错误！')
        #激活输入层
        for i in range(self.ni-1):
            #self.ai[i] = sigmoid(inputs[i])
```

```
        self.ai[i] = inputs[i]
    #激活隐藏层
    for j in range(self.nh):
        sum = 0.0
        for i in range(self.ni):
            sum = sum + self.ai[i] * self.wi[i][j]
        self.ah[j] = sigmoid(sum)
    #激活输出层
    for k in range(self.no):
        sum = 0.0
        for j in range(self.nh):
            sum = sum + self.ah[j] * self.wo[j][k]
        self.ao[k] = sigmoid(sum)
    return self.ao[:]
def backPropagate(self, targets, N, M):
    ''' 反向传播 '''
    if len(targets) != self.no:
        raise ValueError('与输出层节点数不符！')
    #计算输出层的误差
    output_deltas = [0.0] * self.no
    for k in range(self.no):
        error = targets[k]-self.ao[k]
        output_deltas[k] = dsigmoid(self.ao[k]) * error
    #计算隐藏层的误差
    hidden_deltas = [0.0] * self.nh
    for j in range(self.nh):
        error = 0.0
        for k in range(self.no):
            error = error + output_deltas[k]*self.wo[j][k]
        hidden_deltas[j] = dsigmoid(self.ah[j]) * error
    #更新输出层权重
    for j in range(self.nh):
        for k in range(self.no):
            change = output_deltas[k]*self.ah[j]
            self.wo[j][k] = self.wo[j][k] + N*change + M*self.co[j][k]
            self.co[j][k] = change
            #print(N*change, M*self.co[j][k])
    #更新输入层权重
    for i in range(self.ni):
        for j in range(self.nh):
            change = hidden_deltas[j]*self.ai[i]
            self.wi[i][j] = self.wi[i][j] + N*change + M*self.ci[i][j]
```

```
                    self.ci[i][j] = change
        #计算误差
        error = 0.0
        for k in range(len(targets)):
            error = error + 0.5*(targets[k]-self.ao[k])**2
        return error
    def test(self, patterns):
        for p in patterns:
            print(p[0], '->', self.update(p[0]))
    def weights(self):
        print('输入层权重:')
        for i in range(self.ni):
            print(self.wi[i])
        print()
        print('输出层权重:')
        for j in range(self.nh):
            print(self.wo[j])
    def train(self, patterns, iterations=1000, N=0.5, M=0.1):
        #N: 学习速率(learning rate)
        #M: 动量因子(momentum factor)
        for i in range(iterations):
            error = 0.0
            for p in patterns:
                inputs = p[0]
                targets = p[1]
                self.update(inputs)
                error = error + self.backPropagate(targets, N, M)
            if i % 100 == 0:
                print('计算误差的值是： %-.5f' % error)
def trainprog():
    #BP 神经网络学习逻辑异或（XOR）运算规则，给出规则学习结果
    pat = [
        [[0,0], [0]],
        [[0,1], [1]],
        [[1,0], [1]],
        [[1,1], [0]]
    ]
    #创建一个神经网络: 输入层有两个节点，隐藏层有两个节点，输出层有一个节点
    n = BPNeuralNet(2, 2, 1)
    #用一些模式训练它
    n.train(pat)
    #测试训练的成果
```

```
    n.test(pat)
    #看看训练好的权重
    #n.weights()
if __name__ == '__main__':
    trainprog()
```

程序运行结果如图 13.13 所示。

```
Python 3.6.4 Shell                                                    _ □ X
File  Edit  Shell  Debug  Options  Window  Help
Python 3.6.4 (v3.6.4:d48eceb, Dec 19 2017, 06:54:40) [MSC v.1900 64 bit (AMD64)]
 on win32
Type "copyright", "credits" or "license()" for more information.
>>>
========= RESTART: C:/Pythonmachine/chapter14/BP14.2NeuralNetwork.py =========
计算误差的值是： 0.94250
计算误差的值是： 0.04287
计算误差的值是： 0.00348
计算误差的值是： 0.00164
计算误差的值是： 0.00106
计算误差的值是： 0.00078
计算误差的值是： 0.00092
计算误差的值是： 0.00053
计算误差的值是： 0.00044
计算误差的值是： 0.00038
[0, 0] -> [0.03036939032113823]
[0, 1] -> [0.9817636240847771]
[1, 0] -> [0.9816259907635363]
[1, 1] -> [-0.025585374843295334]
>>>
                                                              Ln: 19 Col: 4
```

图 13.13　程序运行结果

13.3　深度学习框架

深度学习是指应用多层神经网络图像，文本等各种问题的机器学习算法集合。从大类上可以将其归为神经网络类别，但是在具体实现上有许多变化。深度学习的核心是特征学习，旨在通过分层网络获取分层的特征信息，从而解决以往需要人工设计特征的难题。深度学习不是一个算法，而是一个框架，包含多个重要算法，如图 13.14 所示。

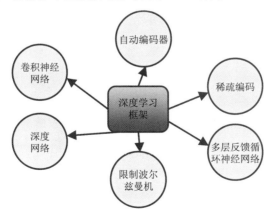

图 13.14　深度学习框架包含的算法

13.4 深度学习与神经网络

深度学习领域应用较多的一类网络叫作卷积神经网络（Convolutional Neural Networks，CNN），它是一种多层神经网络，擅长处理大图像，可以成功地将数据量庞大的图像识别问题不断降维，最终能够被训练。CNN 最早被应用在手写字体的识别。

13.4.1 卷积神经网络结构

卷积神经网络的结构如图 13.15 所示，由卷积层、池化层（采样层）、全连接层、输出层等组成。其中卷积层与池化层配合，组成多个卷积组，逐层提取特征，最终通过若干个全连接层完成分类。

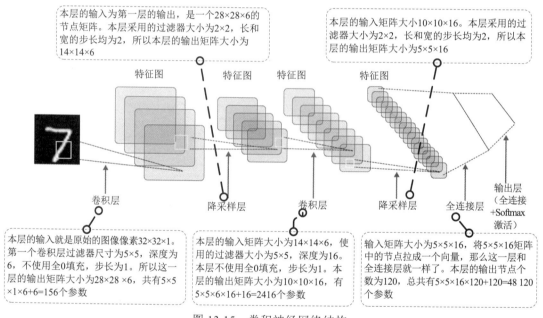

图 13.15　卷积神经网络结构

卷积实际上是一种复杂的数学运算，非常有助于简化更复杂的表达式。在工程上，卷积被广泛地用于化简等式。注意，池化的含义是对提取到的特征信息进行降维，一方面进行特征压缩，提取主要特征；另一方面使特征图变小，达到简化计算复杂度，避免过拟合的目的。

虽然卷积神经网络的层结构和前面提到的全连接神经网络都是分层结构，但是注意到它们的层结构有明显不同。全连接神经网络每层的神经元是按照一维排列的，而卷积神经网络每层的神经元是按照三维排列的，包括宽度、高度和深度，所以更复杂。

13.4.2　卷积神经网络架构设计

卷积神经网络在处理图像识别和分类的问题具有独特优势，图 13.16 给出了用于图像处理问题的卷积神经网络架构，图中的"+"符号表示一层或多层，"？"符号表示结构中是否有池化层。

图 13.16　卷积神经网络架构

13.4.3　配置卷积层或池化层

CNN 网络通过卷积计算来模拟特征区分，并且通过卷积的权重共享及池化等做法来降低网络参数的数量级，最后通过传统的全连接神经网络完成分类等任务。卷积层或池化层的常用配置参数如图 13.17 所示。

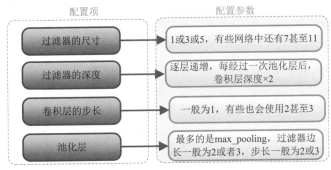

图 13.17　卷积层或池化层的配置

13.5　深度学习的训练过程

卷积层和池化层是卷积神经网络深度学习中重要的两个环节，可以将卷积层和池化层看作自动进行特征提取的过程。

13.5.1　卷积层输出值的计算

假设有一个 5×5 的图像，使用一个 3×3 的滤波器进行卷积，想得到一个 3×3 的特征图，卷积计算公式为

$$a_{i,j} = f\left(\sum_{m=0}^{2} \sum_{n=0}^{2} \omega_{m,n} x_{i+m,j+n} + \omega_b \right) \tag{13.1}$$

其中，$x_{i,j}$ 表示图像的第 i 行 j 列元素；$\omega_{m,n}$ 表示第 m 行 n 列滤波器权重；ω_b 表示滤波器

的偏置项；$a_{i,j}$ 表示特征图的第 i 行第 j 列元素；f 表示激活函数（这里选择了 ReLU 函数作为激活函数）。

ReLU 是常用的激励函数，具有收敛快、求梯度比较简单等优点，但是也具有较脆弱的缺点，原因在于，当输入 x 的值小于 0 时，它仍然会出现梯度为 0 的结果。ReLU 函数曲线如图 13.18 所示，卷积计算过程如图 13.19 所示。

前面给出的式（13.1）是深度为 1 时的卷积层的计算方法，当深度大于 1 的时候怎么计算呢？如果卷积前的图像深度为 D，那么相应的滤波器的深度也必须为 D。深度大于 1 的卷积计算公式为

$$a_{i,j} = f\left(\sum_{d=0}^{D-1}\sum_{m=0}^{F-1}\sum_{n=0}^{F-1}\omega_{d,m,n}x_{d,i+m,j+n} + \omega_b\right) \tag{13.2}$$

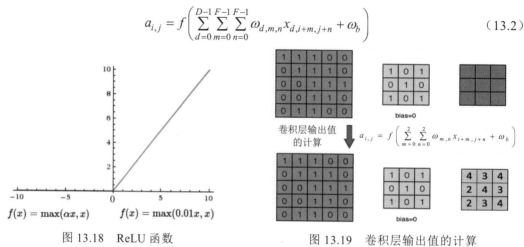

$$f(x) = \max(\alpha x, x) \quad f(x) = \max(0.01x, x)$$

图 13.18　ReLU 函数

图 13.19　卷积层输出值的计算

其中，D 表示深度；F 表示滤波器的大小（宽度或高度）；$\omega_{d,m,n}$ 表示滤波器的第 d 层 m 行，n 列权重；$a_{d,i,j}$ 表示图像的第 d 层 i 行 j 列像素；其他符号的含义与式（13.1）中一样。可见式（13.2）表达比较烦琐，可以利用卷积公式简化深度大于 1 的卷积神经网络的公式。

13.5.2　池化层输出值的计算

池化层主要的作用是下采样，即通过去掉特征图中不重要的样本，进一步减少参数数量。下采样的方法很多，最常用的就是 Max Pooling（最大池化法）。Max Pooling 实际上就是在 $n \times n$ 的样本中取最大值，作为采样后的样本值，计算过程示例如图 13.20 所示。

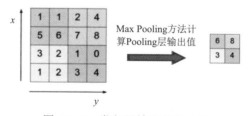

图 13.20　卷积层输出值的计算

除了 Max Pooling 方法以外，常用的计算池化层输出值的方法还有 Mean Pooling（样本均值法，即取各样本的平均值）方法。需要注意的是，对于深度为 D 的特征图，各层独立做 Pooling（池化），因此 Pooling（池化）后的深度仍然为 D。

13.5.3　卷积神经网络的训练

与全连接神经网络相比，卷积神经网络的训练更为复杂，但是训练的原理是一样的，都是利用链式求导计算损失函数对每个权重的偏导数（梯度），然后根据梯度下降公式更新权重。训练算法可以结合前向传播算法和反向传播算法一起进行。

卷积神经网络的训练过程分为两个阶段，如图 13.21 所示。第一个阶段是数据由低层次向高层次传播的阶段，即前向传播阶段。另一个阶段是，当前向传播得出的结果与预期不相符时，将误差从高层次向底层次进行传播训练的阶段，即反向传播阶段。当误差大于期望值时，误差传回网络中，依次求得全连接层、下采样层和卷积层的误差。各层的误差可以理解为对于网络的总误差，当误差不大小于期望值时，结束卷积神经网络的训练过程。

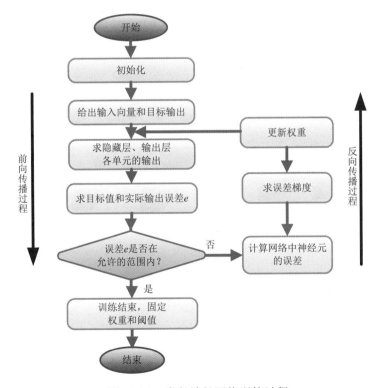

图 13.21　卷积神经网络训练过程

13.6　TensorFlow 简介

卷积神经网络的训练通常比较复杂，可以通过使用一些成熟的框架快速完成训练工作，常用的框架包括 TensorFlow、Caffe 和 Torch 等，如图 13.22 所示。

图 13.22　卷积神经网络常用框架

与 Caffe、Theano、Torch 等框架相比，TensorFlow 在开源代码库 Github 上的资源最多，而且已经在图形分类、音频处理、推荐系统和自然语言处理等领域得到了广泛应用。

13.6.1　基本概念

TensorFlow 是一种采用数据流图（Data Flow Graph），用于数值计算的开源软件库。从字义上理解，就是张量（Tensor）的流动。张量即任意维度的数据，一维、二维、三维、四维等数据统称为张量。而张量的流动是指保持计算节点不变，让数据进行流动。使用 TensorFlow 进行深度学习需要完成的步骤如图 13.23 所示。

图 13.23　使用 TensorFlow 过程

TensorFlow 是基于计算图的框架，那么什么是计算图？假设有一个需要计算的表达式 $e=c \times d$。该表达式的图形表示如图 13.24 所示，计算 e 时就需要先计算 c 与 d，而计算 c 就需要计算 a 与 b，计算 d 需要计算 b，这就形成了一种依赖关系。图 13.24 这种有向无环图就叫作计算图，图中也给出了 TensorFlow 在计算图中的图（Graph）、会话（Session）、算子（Operation）、张量（Tensor）等基本概念的含义。

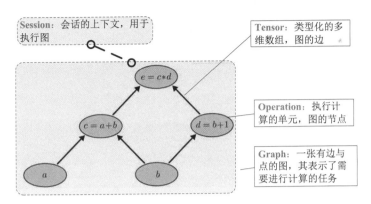

图 13.24 TensorFlow 的基本概念

13.6.2 跨设备通信

当两个需要通信的算子（Operation）在不同的机器上时，就需要利用 TensorFlow 跨设备通信支持功能；当不同设备之间需要通信时，TensorFlow 会添加 Send 和 Recv 节点来实现不同设备之间的通信，如图 13.25 所示，节点 Send 和 Recv 通过 TCP 或 RDMA 协议实现传输数据。

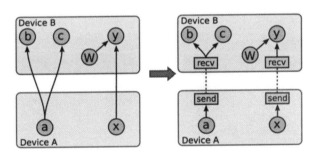

图 13.25 TensorFlow 的跨设备通信

13.6.3 梯度计算

TensorFlow 通过扩展图的方式实现了自动求导，做法如下：对于每张计算图，得到从输入 I 到输出 C 的路径，并从 C 到 I 回溯，回溯过程中对于路径上的每个节点 A，添加另一个节点 A'来计算偏导。在计算偏导的过程中，A'不仅仅将上一层传下来的反向导数作为输入，还可能将 A 的输入和输出也作为其输入，如图 13.26 所示。

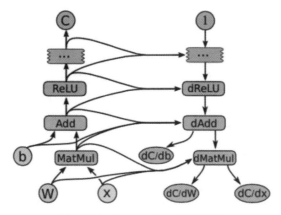

图 13.26   TensorFlow 梯度计算

13.7   TensorFlow 应用实例：图像识别

本节将使用卷积神经网络结合 TensorFlow 框架对包括 2000 多张猫和狗的图像进行训练，训练后，使用训练的模型对于新的猫和狗的图像进行识别，图像识别的一般流程如图 13.27 所示。

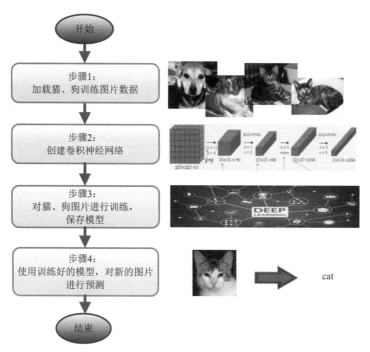

图 13.27   卷积神经网络猫、狗图像识别的基本流程

首先需要进行图像数据的数据处理。猫和狗的数据集来源于 Kaggle（https://www.kaggle.com/），Kaggle 是由安东尼·高德布卢姆在墨尔本创立的，主要为开发商和数据科学家提供举办机器学习竞赛、托管数据库、编写和分享代码的平台。从数据集中各自选取了 1000 张猫和狗的图片，保存在 training_data 目录下。该目录包括 cats 和 dogs 两个目录。数据集中图像处理流程如图 13.28 所示，程序代码如下所示。

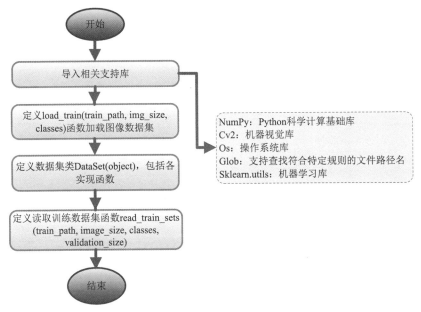

图 13.28　图像数据集处理

```
#程序代码 13-3 Python TensorFlow 实现图像识别——数据集处理程序 名称:Imagedataset.py
import numpy as np
import os
import glob
from sklearn.utils import shuffle
import cv2
#定义 oad_train 函数，输入参数为: train_path, img_size, classes
def load_train(train_path, img_size, classes):
    images = []                              #定义存储图像的变量 images
    labels = []                              #定义存储标签的变量 labels
    img_names = []                           #定义存储图像名称的变量 img_names
    cls = []                                 #定义变量 cls
    print("读取训练图片...")                    #打印信息
    #classes 传入一个列表: <class 'list'>: ['dogs', 'cats']
    for fields in classes:                   #循环迭代读取图片
        index = classes.index(fields)
        print("Now going to read {} files (Index:{})".format(fields, index))
```

```
                                                          #打印信息
          #路径读入格式:
          path = os.path.join(train_path, fields, '*g')
          #file内容: … \\dogs\\dog.0.jpg'
          files = glob.glob(path)                         #匹配路径下指定文件
          print(files)
          for fl in files:                                #循环处理
              print(fl)                                   #打印
          #img_size 图片的大小(如 64),原始图片可能有大有小,转换为统一格式
              image = cv2.imread(fl)
              #转换为大小: <class 'tuple'>: (64, 64, 3),这里是 RGB 模式的图片,通道数为 3
              image = cv2.resize(image, (img_size, img_size), 0, 0, cv2.INTER_LINEAR)
              image = image.astype(np.float32)
              #归一化处理,将数据乘以 1/255,转换为(0,1)之间的范围
              image = np.multiply(image, 1.0 / 255.0)
              images.append(image)
              label = np.zeros(len(classes))
              #对猫狗进行分类打标签,如[1. 0.]
              label[index] = 1.0                          #初始化
              labels.append(label)                        #以追加的方式添加标签
              flbase = os.path.basename(fl)               #返回 fl 最后的文件名
              img_names.append(flbase)                    #以追加的方式添加文件名
              cls.append(fields)                          #以追加的方式添加到变量 cls
      images = np.array(images)                           #图片数组
      labels = np.array(labels)                           #标签数组
      img_names = np.array(img_names)                     #图片名称数组
      cls = np.array(cls)
      return images, labels, img_names, cls               #返回数据
class DataSet(object):                                    #定义数据集类 DataSet
    def __init__(self, images, labels, img_names, cls):   #定义初始化函数
        self._num_examples = images.shape[0]              #图片数量
        self._images = images                             #图片

        self._labels = labels                             #标签
        self._img_names = img_names                       #图片名称
        self._cls = cls
        self._epochs_done = 0                             #迭代次数
        self._index_in_epoch = 0                          #迭代索引值
    #以下代码返回对应的值
    def images(self):
        return self._images
    def labels(self):
        return self._labels
    def img_names(self):
```

```
        return self._img_names
    def cls(self):
        return self._cls
    def num_examples(self):
        return self._num_examples
    def epochs_done(self):
        return self._epochs_done
    def next_batch(self, batch_size):                #下一次迭代函数
        start = self._index_in_epoch                 #开始迭代索引值
        self._index_in_epoch += batch_size      #self._index_in_epoch=
self._index_in_epoch+batch_size
        if self._index_in_epoch > self._num_examples:    #判断是否满足条件
            self._epochs_done += 1 #满足条件, self._epochs_done = self._epochs_done +1
            start = 0                                    #start 赋值为 0
            self._index_in_epoch = batch_size    #batch_size 赋值给 self._index_in_
epoch
            #assert 断言是声明其逻辑值必须为 True 的判定，如果发生异常就说明表达式为 False
            assert batch_size <= self._num_examples
        end = self._index_in_epoch                   #self._index_in_epoch 赋值给 end
        return self._images[start:end], self._labels[start:end], self._img_names
            [start:end], self._cls[start:end]
def read_train_sets(train_path, image_size, classes, validation_size):   #返回值
class DataSets(object):
#Python pass 是空语句，是为了保持程序结构的完整性，pass 不做任何事情，一般用作占位语句
        pass
    data_sets = DataSets()                           #定义数据集类
    #调用 load_train 函数加载训练数据集
    images, labels, img_names, cls = load_train(train_path, image_size,
classes)
    #调用 sklearn.utils 的 shuffle 方法，打散猫、狗图片数据
    images, labels, img_names, cls = shuffle(images, labels, img_names, cls)
    #读入了 2000 张猫、狗图片，validation_size 等于 0.2，因此验证集 validation_size 为
400 个
    #images: <class 'tuple'>: (2002, 64, 64, 3)
    if isinstance(validation_size, float):    #isinstance()函数来判断一个对象是
                                              否是一个已知的类型
    validation_size = int(validation_size * images.shape[0])   #validation_size
    validation_images = images[:validation_size]     #定义验证图片集变量
    validation_labels = labels[:validation_size]     #定义验证标签变量
    validation_img_names = img_names[:validation_size] #定义验证图片名称变量
    validation_cls = cls[:validation_size]           #定义验证变量 cls
    train_images = images[validation_size:]          #定义训练图片集
    train_labels = labels[validation_size:]          #定义训练标签变量
```

```
        train_img_names = img_names[validation_size:]        #定义训练图片名称变量
        train_cls = cls[validation_size:]                    #定义训练变量 cls
#设置训练数据集
        data_sets.train  =  DataSet(train_images,  train_labels,  train_img_names,
train_cls)
#设置验证数据集
        data_sets.valid = DataSet(validation_images, validation_labels,
validation_img_names, validation_cls)
        return data_sets                                     #返回数据集
```

训练程序的流程如图 13.29 所示，程序实现代码如下所示。

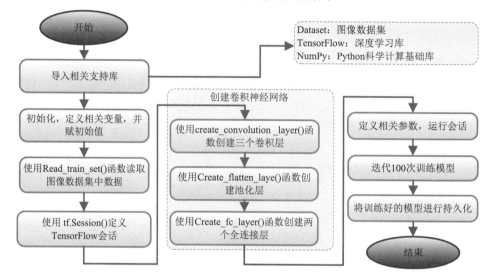

图 13.29   使用 TensorFlow 卷积网络训练图像

```
#程序代码 13-4 Python TensorFlow 实现图像识别程序  名称：ImageTrain.py
import  dataset
import tensorflow as tf
import numpy as np
from numpy.random import seed
seed(10)    #改变随机数生成器的种子，可以在调用其他随机模块函数之前调用此函数
from tensorflow import set_random_seed
#通过 tf.set_random_seed() 函数对该图资源下的全局随机数生成种子进行设置，使得不同 Session
 中的 random 系列函数表现出相对协同的特征
set_random_seed(20)
batch_size = 32                           #定义变量 batch_size，并赋值
classes = ['dogs', 'cats']                #定义 classes 变量，并赋值
num_classes = len(classes)                #num_classes 等于 classes 变量的长度
```

```
validation_size = 0.2                           #定义 validation_size 变量并赋值
img_size = 64
num_channels = 3
#定义训练文件所在路径，如果和本代码路径不一致，修改为读者自己计算机中的训练文件所在路径
train_path = "C:/Pythonmachine/chapter14/training_data"
#读取数据集并存储在变量 data 中
data = dataset.read_train_sets(train_path, img_size, classes, validation_size)
session = tf.Session() #创建一个会话，Session 是 TensorFlow 为了控制和输出文件的执行的
语句
#placeholder，中文意思是占位符，在 TensorFlow 中类似于函数参数，运行时必须传入值
x = tf.placeholder(tf.float32, shape=[None, img_size, img_size, num_channels],
    name='x')
y_true = tf.placeholder(tf.float32, shape=[None, num_classes], name='y_true')
#tf.argmax 函数返回 y_true 中的最大值的索引号，如果 y_true 是一个向量，那就返回一个值，
 如果是一个矩阵，那就返回一个向量
y_true_cls = tf.argmax(y_true, dimension=1)
#以下为设定一些变量的值
filter_size_conv1 = 3
num_filters_conv1 = 32
filter_size_conv2 = 3
num_filters_conv2 = 32
filter_size_conv3 = 3
num_filters_conv3 = 64
#以下代码为全连接层的输出处理
fc_layer_size = 1024
#定义创建权重值 create_weights 函数，输入参数为 shape
def create_weights(shape):
    return tf.Variable(tf.truncated_normal(shape, stddev=0.05))
#定义创建偏置项 create_ biases()函数，输入参数为 size
def create_biases(size):
    return tf.Variable(tf.constant(0.05, shape=[size]))
#定义 create_convolution_layer 函数
def create_convolution_layer(input,
                    num_input_channels,
                    conv_filter_size,
                    num_filters):

    #创建权重
    weights = create_weights(shape=[conv_filter_size, conv_filter_size,
            num_input_channels, num_filters])
```

```
biases = create_biases(num_filters)                #创建偏置项
#给定四维输入（input）和权重 w（filter）的情况下计算二维卷积
    layer = tf.nn.conv2d(input=input, filter=weights, strides=[1, 1, 1, 1],
            padding='SAME')
    layer += biases    # layer = layer + biases
    #调用 tf.nn.relu() 函数将大于 0 的数保持不变，小于 0 的数置为 0
    layer = tf.nn.relu(layer)
    #最大值池化操作处理
    layer = tf.nn.max_pool(value=layer, ksize=[1, 2, 2, 1], strides=[1, 2, 2, 1],
            padding='SAME')
    return layer    #返回值
#定义 create_flatten_layer 函数
def create_flatten_layer(layer):
    layer_shape = layer.get_shape()    #get_shape() 返回一个元组
    #返回一个变量的所有元素的数量。这个变量应该是 tensorflow.python.framework.
    tensor_shape.TensorShape 类型，也可以看作是 tensor 数据类型的 get_shape() 的返回
类型
    num_features = layer_shape[1:4].num_elements()
    #将 tensor 变换为参数 [-1, num_features] 的形式
    layer = tf.reshape(layer, [-1, num_features])
    return layer    #返回
#定义 create_flatten_layer 函数，输入参数为 input, num_inputs, num_outputs, use_relu
def create_fc_layer(input, num_inputs, num_outputs, use_relu=True):
    weights = create_weights(shape=[num_inputs, num_outputs])    #创建权重
    biases = create_biases(num_outputs)                          #创建偏置项
    #tf.matmul 是矩阵的乘法，即 tf.matmul(x,y) 中的 x 和 y 要满足矩阵的乘法规则
    layer = tf.matmul(input, weights) + biases
    #根据给出的 keep_prob 参数，将输入 layer 按比例输出
    layer = tf.nn.dropout(layer, keep_prob=0.7)
    if use_relu:
        layer = tf.nn.relu(layer) #调用 tf.nn.relu() 函数将大于 0 的数保持不变，小于 0
                                     的数置为 0
    return layer                    #返回值
    #创建第一级卷积层
layer_conv1 = create_convolution_layer(input=x,
                                    num_input_channels=num_channels,
                                    conv_filter_size=filter_size_conv1,
                                    num_filters=num_filters_conv1)
    #创建第二级卷积层
```

```
layer_conv2 = create_convolution_layer(input=layer_conv1,
                              num_input_channels=num_filters_conv1,
                              conv_filter_size=filter_size_conv2,
                              num_filters=num_filters_conv2)
    #创建第三级卷积层
 layer_conv3 = create_convolution_layer(input=layer_conv2,
                              num_input_channels=num_filters_conv2,
                              conv_filter_size=filter_size_conv3,
                              num_filters=num_filters_conv3)
```

```
    #创建 Flatten（压平）层，用来将输入“压平”，即把多维的输入一维化，常用于从卷积层到
    全连接层的过渡
 layer_flat = create_flatten_layer(layer_conv3)
#创建全连接层 layer_fc1
 layer_fc1 = create_fc_layer(input=layer_flat,

num_inputs=layer_flat.get_shape()[1:4].num_elements(),
                        num_outputs=fc_layer_size,
                        use_relu=True)
    #创建全连接层 layer_fc2
 layer_fc2 = create_fc_layer(input=layer_fc1,
                        num_inputs=fc_layer_size,
                        num_outputs=num_classes,
                        use_relu=False)
```

```
#通过 Softmax 回归，将 logistic 预测二分类概率的问题推广到了 n 分类概率的问题
y_pred = tf.nn.softmax(layer_fc2, name='y_pred')
#tf.argmax 函数返回 y_pred 中的最大值的索引号
y_pred_cls = tf.argmax(y_pred, dimension=1)
session.run(tf.global_variables_initializer())   #运行会话 session
cross_entropy = tf.nn.softmax_cross_entropy_with_logits(logits=layer_fc2,
                 labels=y_true)              #求交叉熵
cost = tf.reduce_mean(cross_entropy)        #对交叉熵求均值
#采用 Adam 优化算法求解：Adam 方法是一个寻找全局最优点的优化算法，引入了二次方梯度校正
optimizer = tf.train.AdamOptimizer(learning_rate=1e-4).minimize(cost)
#判断 y_pred_cls 和 y_true_cls 是不是相等，它的判断方法不是整体判断，而是逐个元素进行判
  断，如果相等就是 True，如果不相等就是 False
correct_prediction = tf.equal(y_pred_cls, y_true_cls)
#将 correct_prediction 的数据类型转换为 tf.float32，然后求均值
#accuracy = tf.reduce_mean(tf.cast(correct_prediction, tf.float32))
#运行会话 session
```

```
session.run(tf.global_variables_initializer())
#定义 show_progress 函数，输入参数为 epoch, feed_dict_train, feed_dict_validate,
val_loss, i
def show_progress(epoch, feed_dict_train, feed_dict_validate, val_loss, i):
    acc = session.run(accuracy, feed_dict=feed_dict_train)        #运行训练会话
    val_acc = session.run(accuracy, feed_dict=feed_dict_validate) #运行验证会话
    print("epoch:", str(epoch + 1) + ",i:", str(i) +
        ",acc:", str(acc) + ",val_acc:", str(val_acc) + ",val_loss:", str(val_loss))
    #打印输出信息
total_iterations = 0                                        #定义迭代次数
saver = tf.train.Saver()                                    #保存模型
#定义 train 训练函数，输入参数为 num_iteration
def train(num_iteration):
    global total_iterations                             #定义全局变量 total_iterations
    for i in range(total_iterations, total_iterations + num_iteration): #循环迭代处理
        #训练
        x_batch, y_true_batch, _, cls_batch = data.train.next_batch(batch_size)
        #验证
        x_valid_batch, y_valid_batch, _, valid_cls_batch = data.valid.next_batch
                                                            (batch_size)
        feed_dict_tr = {x: x_batch, y_true: y_true_batch}    #构建测试数据词典
        feed_dict_val = {x: x_valid_batch, y_true: y_valid_batch} #构建验证数据词典
         session.run(optimizer, feed_dict=feed_dict_tr)       #运行会话
        examples = data.train.num_examples()                  #实例化
        if i % int(examples / batch_size) == 0:               #判断是否满足条件
            val_loss = session.run(cost, feed_dict=feed_dict_val)   #得到 val_loss
            epoch = int(i / int(examples / batch_size))         #得到 epoch
            #调用 show_progress 函数可视化过程
            show_progress(epoch, feed_dict_tr, feed_dict_val, val_loss, i)
            saver.save(session, './dogs-cats-model/dog-cat.ckpt', global_step=i)
            #保存模型
    total_iterations += num_iteration#total_iterations = iterations +num_iteration
train(num_iteration=100)                   #调用 train 函数进行训练
```

运行结果如图 13.30 所示。由于该例子中猫和狗用于训练的数据集的图片较多（2000 张），所以训练的时间会比较长。

```
Python 3.6.4 Shell
File  Edit  Shell  Debug  Options  Window  Help
C:/Pythonmachine/chapter14/training_data\cats\cat.919.jpg
C:/Pythonmachine/chapter14/training_data\cats\cat.98.jpg
C:/Pythonmachine/chapter14/training_data\cats\cat.980.jpg
C:/Pythonmachine/chapter14/training_data\cats\cat.981.jpg
C:/Pythonmachine/chapter14/training_data\cats\cat.982.jpg
C:/Pythonmachine/chapter14/training_data\cats\cat.983.jpg
C:/Pythonmachine/chapter14/training_data\cats\cat.984.jpg
C:/Pythonmachine/chapter14/training_data\cats\cat.985.jpg
C:/Pythonmachine/chapter14/training_data\cats\cat.986.jpg
C:/Pythonmachine/chapter14/training_data\cats\cat.987.jpg
C:/Pythonmachine/chapter14/training_data\cats\cat.988.jpg
C:/Pythonmachine/chapter14/training_data\cats\cat.989.jpg
C:/Pythonmachine/chapter14/training_data\cats\cat.99.jpg
C:/Pythonmachine/chapter14/training_data\cats\cat.990.jpg
C:/Pythonmachine/chapter14/training_data\cats\cat.991.jpg
C:/Pythonmachine/chapter14/training_data\cats\cat.992.jpg
C:/Pythonmachine/chapter14/training_data\cats\cat.993.jpg
C:/Pythonmachine/chapter14/training_data\cats\cat.994.jpg
C:/Pythonmachine/chapter14/training_data\cats\cat.995.jpg
C:/Pythonmachine/chapter14/training_data\cats\cat.996.jpg
C:/Pythonmachine/chapter14/training_data\cats\cat.997.jpg
C:/Pythonmachine/chapter14/training_data\cats\cat.998.jpg
C:/Pythonmachine/chapter14/training_data\cats\cat.999.jpg
                                                    Ln: 1996  Col: 5
```

图 13.30　图像识别预测处理流程

　　加载训练好的模型，对新的图片进行猫、狗预测。这里仍使用 training_data 目录的数据来进行图片预测。预测处理流程如图 13.31 所示，程序代码如下。

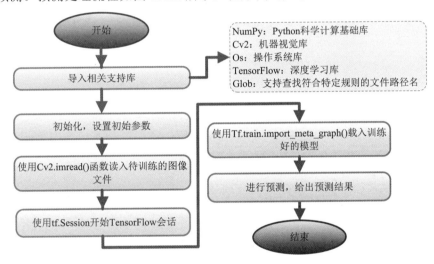

图 13.31　图像识别预测处理流程

```
#程序代码 13-5 Python TensorFlow 实现图像识别——预测  名称：ImagePredict.py
import glob
import tensorflow as tf
import numpy as np
import os, cv2
image_size = 64
num_channels = 3
images = []
```

```
#定义训练文件所在路径，如果和本代码路径不一致，修改为读者自己计算机中训练文件所在路径
path = "C:/Pythonmachine/chapter14/training_data"
direct = os.listdir(path)                    #返回指定文件夹包含的文件或文件夹名称列表
for file in direct:                          #遍历所有文件
    path = os.path.join(path, file, '*g')    #用于路径拼接文件路径
    files = glob.glob(path)                   #匹配路径下指定文件
    print(files)                              #打印信息
    for fl in files:                         #遍历所有文件
        print(fl)                            #打印
        image = cv2.imread(fl)               #读文件
        #处理原图以新设置的参数输出
        image = cv2.resize(image, (image_size, image_size), 0, 0,
                    cv2.INTER_LINEAR)
        images.append(image)                 #将图片以追加的方式添加到 images
images = np.array(images, dtype=np.uint8)    #处理成数据类型为 np.uint8
images = images.astype('float32')            #变量类型转换
images = np.multiply(images, 1.0 / 255.0)    #images 和 1.0/255.0 相乘,输出与相乘
数组/矩阵的大小一致
for img in images:                           #循环迭代处理
    x_batch = img.reshape(1, image_size, image_size, num_channels)
    sess = tf.Session()                      #运行一个会话
    #第一步：构建网络结构图，读者训练数据集的文件位置与本例可能不同，注意修改
    saver = tf.train.import_meta_graph('C:/Pythonmachine/chapter14/
            dogs-cats-model/dog-cat.ckpt-3050.meta')
    #第二步：模型恢复，读者训练数据集的文件位置与本例可能不同，注意修改
    saver.restore(sess,
'C:/Pythonmachine/chapter14/dogs-cats-model/dog-cat.ckpt-3050')
    #获取默认的图
    graph = tf.get_default_graph()
    y_pred = graph.get_tensor_by_name("y_pred:0")  #用给定的名称 y_pred:0 返回张量
                                                     tensor y_pred
    x = graph.get_tensor_by_name("x:0")          #用给定的名称 y_pred:0 返回张量 x
    y_true = graph.get_tensor_by_name("y_true:0")  #用给定的名称 y_true:0 返回张量
                                                     y_true
    y_test_images = np.zeros((1, 2))             #定义测试图片集变量 y_test_images
    feed_dict_testing = {x: x_batch, y_true: y_test_images}  #构建测试集词典
    result = sess.run(y_pred, feed_dict_testing) #运行会话
    res_label = ['dog', 'cat']                   #结果标签变量
    print(res_label[result.argmax()])            #打印输出识别结果
```

程序运行结果如图 13.32 所示。

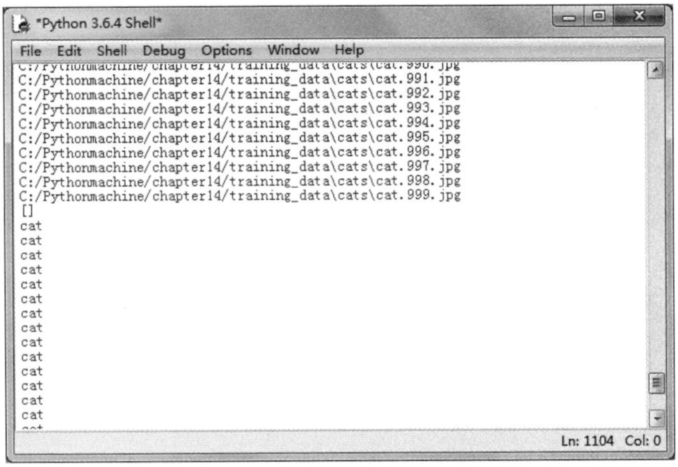

图 13.32　根据训练模型预测结果

第 14 章　迁　移　学　习

在深度学习的实践中发现，深度学习虽然在处理包括自然语言、视觉和玩游戏等任务表现优异，但是却存在着表达能力的限制、缺乏反馈机制等问题。针对深度学习的局限性，强化学习和迁移学习是更有效的机器学习方法。本章首先介绍了迁移学习的应用场景，接着介绍了迁移学习的基本概念、迁移学习和自我学习的区别和联系，以及迁移学习方法等内容，最后给出了使用 Python 和 TensorFlow 实现迁移学习的实例。

14.1　迁移学习应用场景

在生活中，进行体育运动时经常会发现一件有趣的事情。比如你和同事小张约好去打网球，发现小张网球打得非常好，你很惊讶，因为你打了 1 年多网球可还是摸不出门道，还没有小张打得好，于是你问小张打网球多久了？小张的回答让你大吃一惊！他居然是第一次打网球，怎么可能！于是再进一步交谈你发现原来小张打了很多年的乒乓球，而且还获得过奖杯。怪不得嘛！终于找到一个可以释怀的理由了！

其实对于人类来说，这就是举一反三的学习能力。除了打网球等体育运动，还有如学会骑自行车后，学骑摩托车也就变得简单了，其实这些都属于迁移学习的能力范围，如图 14.1 所示。对于计算机而言，所谓迁移学习，就是能让现有的模型算法稍加调整即可应用于一个新的领域和功能的一项技术，包括计算机视觉、文本分类、行为识别、室内定位、视频监控、舆情分析、自然语言处理、人机交互等众多领域，如图 14.2 所示。

（a）语料匮乏条件下不同语言的相互翻译学习

（b）不同视角、不同背景、不同光照的图像识别

（c）不同用户、不同设备、不同位置的行为识别

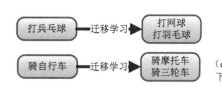

（d）不同领域、不同背景下的文本翻译、舆情分析

（e）不同用户、不同接口、不同情境的人机交互

（f）不同场景、不同设备、不同时间的室内定位

图 14.1　生活中迁移学习的应用场景　　　　图 14.2　迁移学习更多的应用场景

14.2　迁移学习概述

迁移学习（Transfer Learning）目标是将从一个环境中学到的知识用来帮助新环境中的学习任务，迁移学习相关的术语和概念如图 14.3 所示。

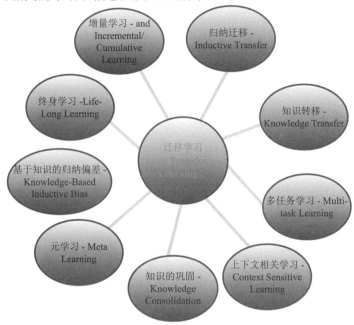

图 14.3　迁移学习相关的术语和概念

传统机器学习、归纳式迁移学习、直推式迁移学习、无监督迁移学习的对比如表 14.1 所示。实际上，归纳式迁移学习是应用最广泛的一种方法，从这点上看，迁移学习更适合有标签的应用领域。

表 14.1　三种迁移学习算法以及传统机器学习的对比

对比指标　　　　学习方法	源Domain 和目标 Domain	源任务和目标任务	源数据和目标数据	任务方法
传统机器学习	相同	相同	有标签 | 有标签	各类任务
归纳式迁移学习	相同/相关	相关	多任务学习：有标签 | 有标签 自我学习：无标签 | 有标签	分类回归
直推式迁移学习	相关	相同	有标签 | 无标签	分类回归
无监督迁移学习	相关	相关	无标签 | 无标签	聚类降维

14.3　迁移学习和自我学习

我们可以通过考察一个从图片中分辨出大象和犀牛的经典例子来说明监督学习、半监督学习、迁移学习、自我学习的区别，如图 14.4 所示。

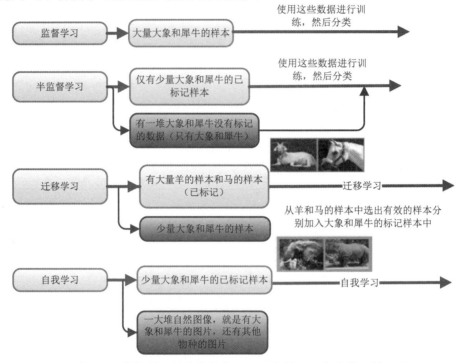

图 14.4　监督学习、半监督学习、迁移学习、自我学习的区别

14.4　迁移学习方法

14.4.1　基本概念

领域（Domain）和任务（Task）是迁移学习的两个基本的概念。它们的定义如图 14.5 所示。

14.4.2　迁移学习形式化描述

迁移学习可以定义为：给定源域（Source Domain）D_s 对应的任务 T_s，给定目标域（Target Domain）D_t 和对应任务 T_t，迁移学习即是在 $D_s \neq D_t$ 或 $T_s \neq T_t$ 时，利用 D_s 和 T_s 中的知识，来帮助学习 D_t 上的预测函数 $f_t(\cdot)$。形式化描述如图 14.6 所示。

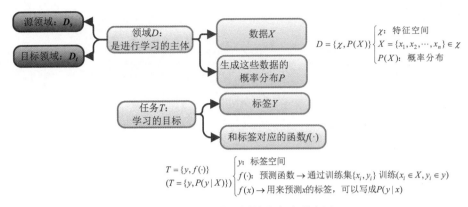

图 14.5　迁移学习领域和任务的概念

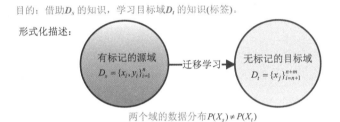

图 14.6　迁移学习的形式化表达

14.4.3　迁移学习算法

迁移学习的核心思想是找到源领域和目标领域之间的相似性，并加以合理利用。例如自行车和电动车的骑行方式是相似的，乒乓球和网球的打球方式相似。找到相似性，需要度量和利用这种相似性。度量的目标包括：度量两个领域的相似性，定量得出相似程度。另外以度量为准则，通过采用的学习手段，增大两个领域之间的相似性，完成迁移学习的过程。度量就是描述源域和目标域这两个域的距离

$$D(D_s;D_t) = \text{DistanceMeasure}(\_;\_)$$ （14.1）

常见的几种度量距离的方法如欧氏距离、曼哈顿距离等，具体内容可以参见本书 3.4 节。

迁移学习的算法包括基于样本的迁移、基于模型的迁移、基于特征的迁移，以及基于关系的迁移四种常用方法。

（1）基于样本的迁移学习方法是根据一定的权重生成规则对数据样本进行重用来进行迁移学习。图 14.7 给出了该方法的基本思想。通过分析源域中的狗、鸟、猫等不同种类的动物样本的特征迁移学习出目标域的狗。

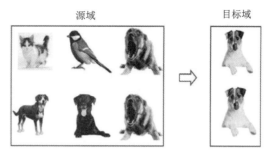

图 14.7　基于样本的迁移学习方法

（2）基于特征的迁移方法是指将通过特征变换的方式互相迁移来减少源域和目标域之间的差距，或者将源域和目标域的数据特征变换到统一特征空间中，然后利用传统的机器学习方法进行分类识别。依据特征的同构和异构性，可以分为同构和异构迁移学习。图 14.8 给出了两种基于特征的迁移学习方法的差别。

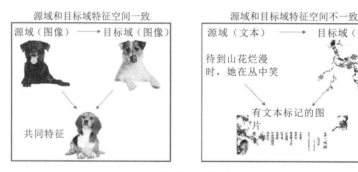

图 14.8　基于特征的迁移学习方法

（3）基于模型的迁移方法要求可以从源域和目标域中找到两者共享的参数信息，以实现迁移。该方法的假设条件是源域中的数据与目标域中的数据可以共享一些模型的参数。具体示例如图 14.9 所示。

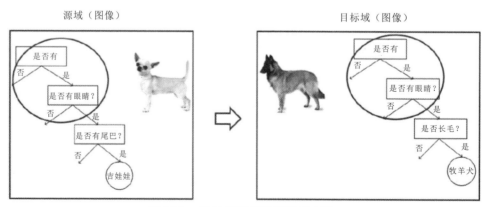

图 14.9　基于模型的迁移学习方法

（4）基于关系的迁移学习方法与前面三种方法截然不同，该方法主要关注源域和目标域的样本之间的关系。图 14.10 给出了不同领域之间相似关系的示例。

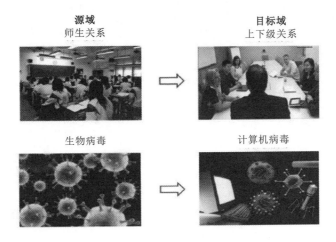

图 14.10　基于关系的迁移学习方法

14.5　迁移学习实例：使用 TensorFlow 实现图像识别

本节我们将使用迁移算法结合 TensorFlow 框架实现花的图像识别。数据集文件夹包含 5 个子文件，每一个子文件夹的名称为一种花的名称，代表了不同的类别。平均每一种花有 734 张图片，每一张图片都是 RGB 色彩模式，大小也不相同，程序将直接处理没有整理过的图像数据。

本节中的代码、数据集和 Inception-v3 模型可以在 git 仓库 https://github.com/TimeIvyace/TensorFlow_Migration-learning_Inception-v3.git 中下载，需要注意的是代码中文件夹放置位置需要自行修改，文件的组织方式如图 14.11 所示。

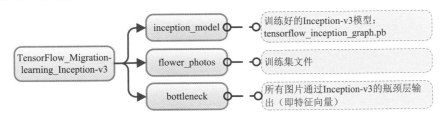

图 14.11　迁移学习示例程序的文件组织方式

程序实现流程如图 14.12 所示，程序代码如下所示。

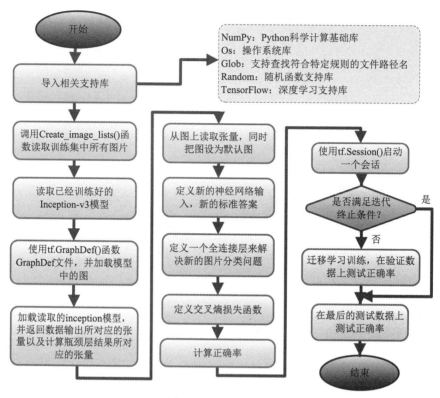

图 14.12　程序实现流程

```
#程序代码 14-1 Python+ TensorFlow 实现迁移学习图像识别 名称：migration learning.py
# -*- coding: utf-8 -*-
import glob  # 返回一个包含有匹配文件/目录的数组
import os.path
import random
import numpy as np
import tensorflow as tf
from tensorflow.python.platform import gfile
#inception-v3瓶颈层的节点个数
BOTTLENECT_TENSOR_SIZE = 2048
#在谷歌提供的 inception-v3 模型中，瓶颈层结果的张量名称为 pool_3/_reshape:0
#可以使用 tensor.name 来获取张量名称
BOTTLENECT_TENSOR_NAME = 'pool_3/_reshape:0'
#图像输入张量所对应的名称
JPEG_DATA_TENSOR_NAME = 'DecodeJpeg/contents:0'
#下载的谷歌 inception-v3 模型文件目录，注意修改为文件在读者的计算机的目录位置
```

```
MODEL_DIR = 'C:/Pythonmachine/chapter13/inception_model'
#下载的训练好的模型文件名
MODEL_FILE = 'tensorflow_inception_graph.pb'


#将原始图像通过 inception-v3 模型计算得到的特征向量保存在文件中，下面定义文件存放地址
CACHE_DIR = '/bottleneck'
#图片数据文件夹，子文件为类别
INPUT_DATA = 'C:/Pythonmachine/chapter13//flower_photos'
#验证的数据百分比
VALIDATION_PRECENTAGE = 10
#测试的数据百分比
TEST_PRECENTAGE = 10
#定义神经网络的参数
LEARNING_RATE = 0.01
STEPS = 4000
BATCH = 100
#从数据文件夹中读取所有的图片列表并按训练、验证、测试数据分开
#testing_percentage 和 validation_percentage 指定测试和验证数据集的大小
def create_image_lists(testing_percentage, validation_percentage):
    #得到的图片放到 result 字典中，key 为类别名称，value 为类别下的各个图片（也是字典）
    result = {}
    #获取当前目录下所有的子目录
    sub_dirs = [x[0] for x in os.walk(INPUT_DATA)]
    #sub_dirs 中第一个目录是当前目录，即 flower_photos，不用考虑
    is_root_dir = True
    for sub_dir in sub_dirs:                #循环迭代处理
        if is_root_dir:
            is_root_dir = False
            continue
        #获取当前目录下所有的有效图片文件
        extensions = ['jpg', 'jpeg', 'JPG', 'JPEG']
        file_list = []
        #获取当前文件名
        dir_name = os.path.basename(sub_dir)
        for extension in extensions:
            #将分离的各部分组成一个路径名，如/flower_photos/roses/*.JPEG
            file_glob = os.path.join(INPUT_DATA, dir_name, '*.'+extension)
            #glob.glob()返回的是所有路径下的符合条件的文件名的列表
            file_list.extend(glob.glob(file_glob))
```

```
            if not file_list: continue
            #通过目录名获取类别的名称（全部小写）
            label_name = dir_name.lower()
            #初始化当前类别的训练数据集、测试数据集和验证数据集
            training_images = []
            testing_images = []
            validation_images = []
            for file_name in file_list:                        #循环迭代处理

                base_name = os.path.basename(file_name)    #获取当前文件名
                #随机将数据分到训练数据集、测试数据集以及验证数据集
                chance = np.random.randint(100)                #随机返回一个整数
                if chance < validation_percentage:          #判断是否满足条件
                    #将 base_name 以追加的方式添加到变量 validation_images
                    validation_images.append(base_name)
                elif chance < (testing_percentage + validation_percentage): #判断
是否满足条件
                    #将 base_name 以追加的方式添加到变量 testing_images
                    testing_images.append(base_name)
                else:
                    #将 base_name 以追加的方式添加到变量 training_images
                    training_images.append(base_name)
            #将当前类别的数据放入结果字典
            result[label_name] = {'dir': dir_name, 'training': training_images,
                          'testing':        testing_images,        'validation':
validation_images}
        return result                                     #返回结果
    #通过类别名称、所属数据集和图片编号获取一张图片的地址
    #image_lists 为所有图片信息，image_dir 给出根目录，label_name 为类别名称，index 为图
     片编号，category 指定图片是在哪个训练集
    def get_image_path(image_lists, image_dir, label_name, index, category):
        #获取给定类别中所有图片的信息
        label_lists = image_lists[label_name]
        #根据所属数据集的名称获取集合中的全部图片信息
        category_list = label_lists[category]
        mod_index = index % len(category_list)
        #获取图片的文件名
        base_name = category_list[mod_index]
        sub_dir = label_lists['dir']
```

```
    #最终的地址为数据根目录的地址加上类别的文件夹加上图片的名称
    full_path = os.path.join(image_dir, sub_dir, base_name)
    return full_path
#通过类别名称、所属数据集和图片编号经过 Inception-v3 处理之后的特征向量文件地址
def get_bottleneck_path(image_lists, label_name, index, category):
    return  get_image_path(image_lists,  CACHE_DIR,  label_name,  index,
category)+'.txt'
#使用加载的训练好的网络处理一张图片，得到这个图片的特征向量
def    run_bottleneck_on_image(sess,    image_data,    image_data_tensor,
bottleneck_tensor):
    #将当前图片作为输入，计算瓶颈张量的值
    #这个张量的值就是这张图片的新的特征向量
    bottleneck_values  =  sess.run(bottleneck_tensor,  {image_data_tensor:
image_data})
    #经过卷积神经网络处理的结果是一个四维数组，需要将这个结果压缩成一个一维数组
    bottleneck_values = np.squeeze(bottleneck_values) #从数组的形状中删除单维条目
    return  bottleneck_values
#获取一张图片经过 Inception-v3 模型处理之后的特征向量


#先寻找已经计算并且保存的向量，若找不到则计算然后保存到文件
def get_or_create_bottleneck(sess, image_lists, label_name, index, category,
                             jpeg_data_tensor, bottleneck_tensor):
    #获取一张图片对应的特征向量文件路径
    label_lists = image_lists[label_name]
    sub_dir = label_lists['dir']
    sub_dir_path = os.path.join(CACHE_DIR, sub_dir)
    if not os.path.exists(sub_dir_path):
        os.makedirs(sub_dir_path)                #若不存在则创建
    bottleneck_path = get_bottleneck_path(image_lists, label_name, index, category)
    #如果这个特征向量文件不存在，则通过 Inception-v3 计算，并存入文件
    if not os.path.exists(bottleneck_path):
        #获取原始的图片路径
        image_path = get_image_path(image_lists, INPUT_DATA, label_name, index,
                    category)
        #获取图片内容，对图片的读取
        image_data = gfile.FastGFile(image_path, 'rb').read()
        #通过 Inception-v3 计算特征向量
        bottleneck_values = run_bottleneck_on_image(sess, image_data,
                    jpeg_data_tensor, bottleneck_tensor)
```

```
            #将计算得到的特征向量存入文件，join()连接字符串
            bottleneck_string = ','.join(str(x) for x in bottleneck_values)
            with open(bottleneck_path, 'w') as bottleneck_file:  #将文件以写入方式打开
                bottleneck_file.write(bottleneck_string)          #写入
        else:
            #直接从文件中获取图片相应的特征向量
            with open(bottleneck_path, 'r') as bottleneck_file:
                bottleneck_string = bottleneck_file.read()
            bottleneck_values = [float(x) for x in bottleneck_string.split(',')]
    #返回特征向量
    return bottleneck_values                        #返回值 bottleneck_values
#定义 get_random_cached_bottlenecks 函数，用于随机选取一个 batch 的图片作为训练数据
def get_random_cached_bottlenecks(sess, n_classes, image_lists, how_many,
category,
                            jpeg_data_tensor, bottleneck_tensor):
    bottlenecks = []                                #定义变量 bottlenecks
    ground_truths = []                              #定义变量 ground_truths
    for_in range(how_many):                         #循环迭代处理
        #随机取得一个类别和图片的编号加入当前的训练数据
        label_index = random.randrange(n_classes)  #返回指定递增基数集合中的一个随机
                                                     数，基数默认值为1，随机类别号
        label_name = list(image_lists.keys())[label_index]
        image_index = random.randrange(65536)       #得到图片索引号
        #调用 get_or_create_bottleneck 函数得到 bottleneck

        bottleneck = get_or_create_bottleneck(sess, image_lists, label_name,
                      image_index, category, jpeg_data_tensor, bottleneck_tensor)
        ground_truth = np.zeros(n_classes, dtype=np.float32)
        ground_truth[label_index] = 1.0
        bottlenecks.append(bottleneck)    #将bottleneck以追加的方式添加到变量bottlenecks
        ground_truths.append(ground_truth) #将 ground_truth 以追加的方式添加到变量
                                                     ground_truths
    return bottlenecks, ground_truths       #返回 bottlenecks 和 ground_truths
#获取全部的测试数据，在最终测试的时候在所有测试数据上计算正确率
def get_test_bottlenecks(sess, image_lists, n_classes, jpeg_data_tensor,
bottleneck_tensor):
    bottlenecks = []
    ground_truths = []
    label_name_list = list(image_lists.keys())
```

```
    #枚举所有类别和每个类别中的测试图片
    for label_index, label_name in enumerate(label_name_list):
        category = 'testing'
        for index, unused_base_name in enumerate(image_lists[label_name][category]):
            #通过 Inception-v3 计算图片对应的特征向量,并将其加入最终数据的列表
            bottleneck = get_or_create_bottleneck(sess, image_lists, label_name,
                        index, category, jpeg_data_tensor, bottleneck_tensor)
            ground_truth = np.zeros(n_classes, dtype=np.float32)
            ground_truth[label_index] = 1.0
            bottlenecks.append(bottleneck)
            ground_truths.append(ground_truth)
    return bottlenecks, ground_truths
def main(_):
    #读取所有图片
    image_lists = create_image_lists(TEST_PRECENTAGE, VALIDATION_PRECENTAGE)
    # image_lists.keys()为 dict_keys(['roses', 'sunflowers', 'daisy', 'dandelion',
    # 'tulips'])
    n_classes = len(image_lists.keys())     #类别数
    print(n_classes)
    #读取已经训练好的 Inception-v3 模型,谷歌训练好的模型保存在了 GraphDef Protocol Buffer
    #里面保存了每一个节点取值的计算方法以及变量的取值
    #对模型的读取,二进制
    with gfile.FastGFile(os.path.join(MODEL_DIR, MODEL_FILE), 'rb') as f:
        #新建 GraphDef 文件,用于临时载入模型中的图
        graph_def = tf.GraphDef()
        #加载模型中的图
        graph_def.ParseFromString(f.read())
        #加载读取的 Inceptionv3 模型,并返回数据输出所对应的张量以及计算瓶颈层结果所对应
的张量
        #从图上读取张量,同时把图设为默认图
        #Tensor("import/pool_3/_reshape:0", shape=(1, 2048), dtype=float32)
        #Tensor("import/DecodeJpeg/contents:0", shape=(), dtype=string)
        bottleneck_tensor, jpeg_data_tensor = tf.import_graph_def(graph_def,
                return_elements= [BOTTLENECT_TENSOR_NAME,
JPEG_DATA_TENSOR_NAME])
        #定义新的神经网络输入,这个输入就是新的图片经过 Inception-v3 模型前向传播达到瓶
            颈层的节点取值
        bottleneck_input = tf.placeholder(tf.float32, [None,
BOTTLENECT_TENSOR_SIZE],
```

```
                              name='BottleneckInputPlaceholder')
#定义新的标准答案
ground_truth_input = tf.placeholder(tf.float32, [None, n_classes],
        name= 'GroundTruthInput')
#定义一个全连接层来解决新的图片分类问题
with tf.name_scope('final_training_ops'):
#权重值
weights = tf.Variable(tf.truncated_normal([BOTTLENECT_TENSOR_SIZE,
        n_classes], stddev=0.001))
    biases = tf.Variable(tf.zeros([n_classes]))          #偏置项
    logits = tf.matmul(bottleneck_input, weights)+biases   #通过权重和偏置项构建
    final_tensor = tf.nn.softmax(logits)  #使用 tf.nn.softmax 函数得到最
                                         后的张量 final_tensor
#定义交叉熵损失函数
#tf.nn.softmax 中 dim 默认为-1,即 tf.nn.softmax 会以最后一个维度作为一维向量计算
 softmax
cross_entropy = tf.nn.softmax_cross_entropy_with_logits(logits=logits,
                labels=ground_truth_input)
cross_entropy_mean = tf.reduce_mean(cross_entropy)
train_step = tf.train.GradientDescentOptimizer(LEARNING_RATE).minimize
                (cross_entropy_mean)
#计算正确率
with tf.name_scope('evaluation'):
    correct_prediction = tf.equal(tf.argmax(final_tensor, 1), tf.argmax
                        (ground_truth_input, 1))
    #平均错误率,cast 将 bool 值转成 float
    evaluation_step = tf.reduce_mean(tf.cast(correct_prediction, tf.float32))
with tf.Session() as sess:
    init=tf.initialize_all_variables()
    sess.run(init)
    #训练过程
    for i in range(STEPS):
        #每次获取一个 batch 的训练数据
        train_bottlenecks, train_ground_truth =
get_random_cached_bottlenecks\
            (sess, n_classes, image_lists, BATCH, 'training',
jpeg_data_tensor,
                bottleneck_tensor)
        #运行会话
```

```
                sess.run(train_step, feed_dict={bottleneck_input:
train_bottlenecks,
                                        ground_truth_input:
train_ground_truth})
                #在验证数据上测试正确率
                if i % 100==0 or i+1==STEPS:              #判断是否满足条件
                    validation_bottlenecks, validation_ground_truth=\
                        get_random_cached_bottlenecks(sess, n_classes, image_lists,
                            BATCH,
                         'validation', jpeg_data_tensor, bottleneck_tensor)
                    validation_accuracy = sess.run(evaluation_step,
                    feed_dict={bottleneck_input:validation_bottlenecks,
                    ground_truth_input: validation_ ground_truth})
                    print('Step %d :Validation accuracy on random sampled %d examples
                        = %.1f%%' %
                        (i, BATCH, validation_accuracy*100))       #输出信息
            #在最后的测试数据上测试正确率
            test_bottlenecks, test_ground_truth = get_test_bottlenecks(sess,
                image_lists, n_classes,
            jpeg_data_tensor, bottleneck_tensor)
            test_accuracy = sess.run(evaluation_step, feed_dict={bottleneck_input:
                test_bottlenecks, ground_truth_input: test_ground_truth})  #运行
会话
            print('Final test accuracy = %.1f%%' % (test_accuracy*100))
            #打印输出信息
#定义主函数
if __name__ == '__main__':
    tf.app.run()  #运行
```

程序运行结果如图 14.13 所示。注意运行时间会比较长（在笔者计算机上用时 1 小时 35 分钟，计算机配置：Windows 7，CPU i5 2.2GB，内存 8GB）。

如果运行程序时候出现了错误" AttributeError: module 'bottleneck' has no attribute '__version__'"，则说明需要安装 bottleneck 依赖包，即在 python 目录下运行 pip install Bottleneck 命令进行安装。如果安装 bottleneck 的时候，出现 Microsoft Visual C++ 14.0 is required 的问题，则需要安装 Microsoft Visual C++ 14.0 了后才能继续安装 bottleneck 依赖包。

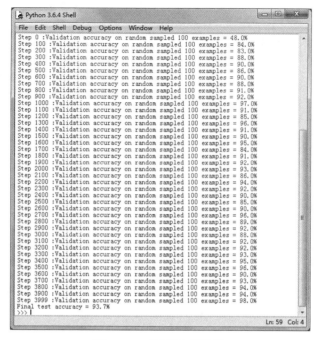

图 14.13　程序运行结果

参 考 文 献

[1] 郭禄光，樊功瑜. 最小二乘法与测量平差[M]. 上海：同济大学出版社，1985.

[2] 最小二乘法的原理与计算. https://www.cnblogs.com/xunziji/p/7366580.html.

[3] matlab k-means 函数使用方法. https://blog.csdn.net/u010451580/article/details/52249195.

[4] http://scikit-learn.org/stable/modules/generated/sklearn.cluster.KMeans.html.

[5] 丁毓峰，夏迎秋. 基于关联规则的汽轮机叶片振动研究 [J]. 机床与液压，2016,44(19):178-182.

[6] 关联规则算法（Apriori）在 Python 上的实现. https://blog.csdn.net/qq_23860475/article/details/ 80824568.

[7] Do, C. B., Batzoglou, S. What is the expectation maximization algorithm?[J]: Nature biotechnology, 2008,26(8), 897.

[8] 简单易学的机器学习算法——EM 算法. https://blog.csdn.net/google19890102/article/details/46431715.

[9] lpa 半监督学习之标签传播算法. https://blog.csdn.net/u013378306/article/details/ 52550805.

[10] Pan S J, Yang Q. A Survey on Transfer Learning[J]. IEEE Transactions on Knowledge & Data Engineering, 2010, 22(10):1345-1359.

[11] 迁移学习：经典算法解析. https://blog.csdn.net/linolzhang/article/details/73358219.

[12] https://www.sohu.com/a/156932670_387563.

[13] 王晋东. 迁移学习简明手册[M]. 北京：中国科学院计算技术研究所，2018.

[14] TensorFlow 迁移学习-使用谷歌训练好的 Inception-v3 网络进行分类. https://blog.csdn.net/gaoyueace/article/details/79222225.

[15] Luis Pedro Coelho,Willi Richert. Building Machine Learning Systems with Python[M]. 2nd Edition. Packt Publishing, 2015.

[16] Xindong WuVipin Kumar, J. Ross Quinlan et.al, Top 10 algorithms in data mining[J]. Knowledge and Information Systems, January 2008, 14(1):1–37.

[17] Xindong Wu,Vipin Kumar. The Top Ten Algorithms in Data Mining[M]. CRC Press Taylor & Francis Group, LLC, 2009.

[18] James W. Payne. Python 编程入门经典[M]. 北京：清华大学出版社，2011.

[19] 张良均，王路，谭立云，等. Python 数据分析与挖掘实战[M]. 北京：机械工业出版社,2015.

[20] Peter Harrington. 机器学习实战[M]. 李锐，李鹏，曲亚东，等译. 北京：人民邮电出版社，2013.

[21] Prateek Joshi. Python 机器学习经典实例[M]. 陶俊杰，陈小莉，译. 北京：人民邮电出版社，2017.

[22] Francois Chollet. Python 深度学习[M]. 张亮，译. 北京：人民邮电出版社，2018.

[23] Aurélien，Géron. Scikit-Learn 与 TensorFlow 机器学习实用指南（影印版）[M]. 南京：东南大学出版社，2017.

[24] 周志华. 机器学习[M]. 北京：清华大学出版社，2016.

[25] 零基础入门深度学习. https://blog.csdn.net/TS1130/article/details/53244576.

[26] CS231n Convolutional Neural Networks for Visual Recognition,http://cs231n.stanford.edu/.

[27] ReLu (Rectified Linear Units) 激活函数，https://www.cnblogs.com/neopenx/p/4453161.html.

[28] Jake Bouvrie. Notes on Convolutional Neural Networks, 2006.

[29] Ian Goodfellow, Yoshua Bengio, Aaron Courville. Deep Learning. MIT Press, 2016.